Über moderne Ernährungsreformen

Von

Max Rubner

o. ö. Professor an der Universität zu Berlin und
Direktor des Physiologischen Instituts

München und Berlin 1914
Druck und Verlag von R. Oldenbourg

I.

Vor einiger Zeit habe ich die Hauptlinien unserer Volksernährung dargelegt. Ich konnte dabei zeigen, wie trotz einer gewissen
konservativen Tendenz, welche in allen Ernährungsfragen herrscht,
doch manche wichtige Veränderungen sich vollziehen (Wandlungen in der Volksernährung, Leipzig 1913).

Dieser generelle Zug, der sich abseits von allen Ernährungs-
theorien im täglichen Leben bemerkbar macht, äußert sich in
einer Ausbreitung der s t ä d t i s c h e n Ernährung unter wach-
sender Z u n a h m e des Fleischkonsums. Nicht nur in Europa,
auch in außereuropäischen Ländern gewinnt dieser Umschwung
immer mehr an Bedeutung.

Seit Jahrzehnten sehen wir in steigendem Maße die Verbrei-
tung dieser Ernährungsweise, die bereits auf das flache Land
übergreift. Die Nahrungsquellen werden so allmählich andere.
Die Nahrungsmittelproduktion der einzelnen Länder vermag den
Bedürfnissen der Massenernährung nicht überall zu folgen, der
internationale Austausch von Nahrungsmitteln ist für manches
Volk nötig, um in Milliardenumsätzen den Bedürfnissen der Volks-
massen zu genügen.

Neben diesen gigantischen Verhältnissen der empirischen Ernährungslehre wollen einzelne Versuche, gewaltsam in diese Bewegung eingreifen, ziemlich machtlos und zwerghaft erscheinen.

Vielleicht noch das Bedeutungsvollste dieser Art war der Vegetarismus, der, allgemein betrachtet, eine Reaktion gegenüber dem Überkonsum an Fleisch bei den besser situierten Engländern bedeutete, in seiner ideellen Begründung aber keinen Anspruch auf Berechtigung erheben konnte und kaum eine größere Gemeinde erworben hat.

Wir haben ähnliche Ernährungsbewegungen schon öfter erlebt, die alle an der Teilnahmslosigkeit der großen Masse dahingeschwunden sind; so wird es wahrscheinlich noch häufig auch in anderen Fällen gehen.

Die meisten Änderungsvorschläge gehen von Personen aus, die aus persönlichen Gründen zu einer Umänderung ihrer Ernährung gezwungen worden sind. Insoweit sich hieraus dann im Sinne der Medizin eine Art Diät entwickelt, welche für bestimmte Krankheitszustände bestimmt ist, haben solche Bemühungen ihr volles Recht und ihre Bedeutung.

Viele geben sich mit einem solchen bescheidenen persönlichen Heilerfolge nicht zufrieden, sie wollen Einfluß auf die große Masse gewinnen, und dann entwickelt sich hieraus nur zu leicht eine Art Prophetentum, das anderen Menschen die angeblichen Segnungen aufzwingen und jede andere Ernährungsweise mit allen Mitteln bekämpfen will.

Gerade gegenwärtig machen zwei Systeme viel von sich reden und werden namentlich in populären Schriften propagiert. Sie knüpfen sich eigentlich beide an den Namen Chittendens. Wenn man den Inhalt der Lehre Chittendens mit einem Schlagwort bezeichnen müßte, so könnte man es als das System der eiweißarmen Kost benennen, wiewohl es auch noch außerdem eine mögliche Einschränkung im Essen empfiehlt. Das zweite neue „Ernährungssystem" knüpft in den populären Darstellungen an Hindhede an. Hindhedes System könnte eigentlich ganz übergangen werden, denn es ist inhaltlich und dem zeitlichen Entstehen nach eine vollkommene Nachempfindung Chittendens. Einige Unterschiede liegen nur in den Speisen, welche von dem einen mehr einem gewählten Geschmack, bei dem andern mehr bäuerlichen Gewohnheiten sich anschließen.

So ändern sich Zeiten und Anschauungen. Liebig sah in dem Eiweiß die Quelle der mechanischen Kraft und Gesundheit, dann sank das Eiweiß zu der Rolle eines höchst wertvollen Nahrungsstoffes herab, der für die Kraftleistungen an sich nicht erforderlich, aber sonst doch unentbehrlich ist; nach Chittenden bringt es Schwäche und Krankheit, sobald man eine sehr niedrig bemessene Grenze der Zufuhr überschreitet.

Bei Chittenden wird nicht etwa eine fundamentale Tatsache neu entdeckt, man weiß schon lange, daß man mit verschiedenen Eiweißmengen leben kann, das Neue ist nur der kategorische Imperativ, der behauptet, je kleiner die Eiweißmenge, desto gesünder die Kost.

Wir machen hier wieder eine Beobachtung, die oft in der Geschichte der Medizin wiederkehrt, nämlich daß längst bekannte Tatsachen erst dann das allgemeine Interesse erregen, wenn sie in der anspruchsvolleren Form eines „Systems" weiteren Kreisen vorgetragen werden.

Wenn auch gewiß nicht zu befürchten steht, daß die „eiweißarme" Kost jemals die Massen ergreifen wird, so gibt es doch manch andere Gründe, welche der sogenannten Neuerung Interesse entgegenzubringen zwingen.

Wie Chittenden zu seiner Lehre kam, ist leicht gesagt.

Chittenden lebte früher, wie es sonst in Nordamerika vielfach üblich ist, mit einer eiweißreichen Kost und litt später an „persistent rheumatism of the knee-joint", „sick headache" und „bilious attacks". Darauf änderte er seine Lebensweise. Das pflegen nun die Leute im allgemeinen zu tun, wenn Gicht und Ähnliches sie plagt.

Er verlor bei seiner Kur von 11 Monaten 8 kg; verblieb dann bei dieser quantitativ verringerten Kost und auf dem erniedrigten Körpergewicht. Im Grunde genommen hat seine Eßweise wenig Charakteristisches; sie nähert sich sehr jener milden Form des Halbvegetarismus, welche die Animalien nicht ausschließt, aber tunlichst einschränkt.

Daraufhin hoben sich seine bisherigen Schmerzen und Beschwerden. Er ist also der Meinung, daß die obengenannten

1*

Krankheitserscheinungen nur durch den Genuß größerer Eiweißmengen in seiner früheren Kost veranlaßt worden sind. Darüber
kann man freilich sehr verschiedener Meinung sein, denn auch
die Gewichtsabnahme und die dadurch bedingte Verminderung
der Nahrungsaufnahme überhaupt sind möglicherweise oder sogar
wahrscheinlicherweise das entscheidende Moment für das gestei-
gerte Wohlbefinden gewesen.

Im übrigen wissen wir nichts Näheres über die klinischen
Verhältnisse dieses Falles, nichts über die Dauer der Heilung.
Es gibt endlos viele Kranke, bei denen man solche Kostreduktionen
mit Erfolg anwendet.

Der verhängnisvolle Schritt beginnt damit, daß nun dieser
diätetisch behandelte Krankheitsfall zum Ausgangspunkt einer
„allgemeinen" Reform auch für die bislang Gesunden werden
soll.

Auch andere Personen veranlaßte C h i t t e n d e n nach dieser
Art zu leben, mit dem durchschnittlichen Erfolg, daß diese Personen zumeist auch an Gewicht einbüßten.

C h i t t e n d e n glaubt eine Kostordnung gefunden zu haben,
die nicht nur ärztliche Tragweite besitzt, sondern sich für die
allgemeine Einführung empfiehlt und deren Fundamentalsätze mit
den bisherigen Ergebnissen der Ernährungswissenschaft nicht in
Einklang zu bringen seien. Einen Vorläufer in dieser Richtung der
Reduktion der Nahrung hatte C h i t t e n d e n wohl an Horace
F l e t c h e r , welcher durch intensives Kauen der Speisen den
ernährenden Wert derselben enorm steigern zu können glaubt,
so daß dann mit unglaublich wenig Nahrung auszukommen sei.
Vielleicht liegt in den Bestrebungen C h i t t e n d e n und F l e t -
c h e r s eine gewisse Reaktion gegenüber einer in der amerikanischen Literatur gegebene Bewegung, die Nahrungs- und Kostsätze, wie sie sonst angenommen sind, weiter in die Höhe zu
schrauben.[1]) Die Schrift hat aber keineswegs dies löbliche Ziel,
im allgemeinen Mäßigkeit zu predigen, sondern setzt ihre Axt
auch an den Stamm der Ernährungswissenschaft selbst.

---

1) S. Später pag. 17.

In diesem Sinne werden wenigstens von vielen seine Reformen empfunden. Hier liegt aber ein Mißverstänsnis vor. Die rein wissenschaftliche Lehre berühren seine Versuche nur wenig, wohl aber müssen sie mit Bezug auf die Praxis der Volksernährung einer eingehenden Diskussion unterzogen werden. Seine Angaben richten sich angeblich gegen die in Fällen der Massenernährung angewandten Kostsätze, denn das wesentliche Fazit seiner Untersuchungen ist: Es wird zuviel Eiweiß und zuviel an Nahrungsstoffen überhaupt gegessen, wenn man nach den Voitschen Nahrungssätzen lebt. Es wäre ein sehr wichtiges, soziales Problem, wenn man ohne weitere Umstände den Bedarf an Nahrung allgemein vermindern könnte. Die besseren Nahrungsvorräte würden weiteren Kreisen zugänglich werden und eine erhebliche Ersparung an Kost und Geldausgaben eintreten. Bei dieser sozialen Tragweite der Vorschläge Chittendens wird man Veranlassung haben, die neue Lehre unter die Lupe zu nehmen. Einmal bedarf es einer sorgsamen Prüfung, ob die mitgeteilten Versuche überhaupt eine genügende Sicherheit für Schlüsse bieten und wie sie mit den tatsächlichen anderen Erfahrungen der Ernährungslehre in Einklang zu bringen sind, außerdem aber ist zu prüfen, ob sie überhaupt Ergebnisse darstellen, welche reif genug sind, um sie in die Praxis zu übertragen. Chittenden selbst hat es unterlassen, das Widersprechende zwischen ihm und seinen Vorgängern aufzuklären. So gewinnt der Leser kein rechtes Urteil. Ich glaube aber nicht, daß die zur Beurteilung notwendigen wichtigen Ernährungstatsachen, so das Gemeingut selbst medizinischer Kreise sind, um sich aus diesem anscheinenden Labyrinth herauszufinden.

In Amerika haben bereits anerkannte Vertreter der Ernährungswissenschaft mit allem Nachdruck gegen Chittenden Stellung genommen, vor allem Gr. Lusk (s. The science of nutrition 1909, p. 218) und auch Benedikt; allein unbeirrt hiervon wird nun auch bei uns für die „Idee" Propaganda gemacht. Vor kurzem ist die Schrift Chittendens, Ökonomie der Ernährung", München 1910, dem deutschen Publikum bekannt geworden.

Man spricht von der n e u e n Lehre. Sie hat sogar eine gewisse Unsicherheit und Beunruhigung, besonders in solchen nichtfachmännischen Kreisen, die sich mit der praktischen Ernährung zu befassen haben, wie bei den Gefängnisverwaltungen u. dgl. hervorgerufen.

Obschon man eigentlich noch gar nicht genau übersieht, um was es sich handelt, schickt man sich bereits an, die „milde" Ernährungsform in die Wege zu leiten. Es klingt wie eine neue Botschaft, und manche erwarten da etwas ganz Besonderes zu erleben.

Ein Sanitätsrat Dr. S t i l l e in Stade nahm schon 1908 emphatisch das Wort zur „neuen Ernährungslehre". S. 11 sagt er zur Empfehlung: „Seit kurzem besitzen wir den direkten experimentellen Beweis, daß eine gute, völlig ausreichende Ernährung des Körpers bei der Zufuhr weit geringerer Mengen von Nahrungsmitteln bestehen kann, als man bisher angenommen hat." Die weitere Darstellung ist reich an Angriffen auf die bisherige deutsche Forschung. In der Einleitung wird auch von einem Abgeordneten im deutschen Reichstag berichtet, daß dieser das Reichsgesundheitsamt ausersehen hat, um die „Forschungen der Universitäten zu ergänzen". Bei dieser Lektüre habe ich nur das Gefühl einer tiefen Beschämung empfunden, da S t i l l e der deutschen Wissenschaft, die in der Entwicklung der Ernährungslehre eine hervorragende Rolle gespielt hat, Vorwürfe macht, die man nur mit der Sachunkenntnis des Verfassers entschuldigen kann.

In einem ähnlichen Sinne wie C h i t t e n d e n äußerte sich in den letzten Jahren noch H i n d h e d e in Kopenhagen; er will vor allem durch seine Reform auch eine billige Kost durch Wahl einfacher Nahrungsmittel erzielen.

H i n d h e d e beschreibt seine Jugenderfahrungen; er hat, als Bauernsohn, wie er sagt (Kosmos 1912, Heft 6 S. 206), in ärmlichen Verhältnissen die Kost der dänischen Bauern gegessen, wenig Fleisch, gesalzenen Speck, Kartoffeln, Grütze, Milch. Er hat sich später, nachdem er die Stadtkost kennen gelernt hatte, wieder auf eine „ausgeklügelt eiweißarme Kost" gesetzt, dreimal des Tages Kartoffeln mit Butter und Erdbeeren mit einem geringen Zusatz an Milch. Das hat ihn dann auf den Gedanken gebracht, sich auf die Bauernkost wieder einzurichten. „Meine jüngste Tochter, die . . . . . nicht gehindert wurde, sich im wesentlichen nur von Butterbrot und Kartoffeln zu ernähren, zeigte mit 10 Jahren eine einzig dastehende, gute körperliche Entwicklung."

In beiden Reformen handelt es sich also um persönliche Erfahrungen, die zu einer Änderung der Kost geführt haben und nun verallgemeinert werden sollen.

II.

Vorschläge für die allgemeine Ernährung zu machen, ist eine schwierige Aufgabe, und solche Empfehlungen, die sich auf die sog. Erfahrungen einer Einzelperson gründen, sind immer bedenklich.

Um die hygienische Zulässigkeit einer Ernährung zu beweisen, genügt die Erfahrung eines Individuums absolut nicht. Wissen wir doch aus experimentellen Untersuchungen, daß Schäden und Nachteile sich oft erst nach vielen Monaten und nach mehr als einem Jahre ausbilden können, und daß dabei oft genug die Individualität einen ganz entscheidenden Faktor abgibt. Schon in der Quantitätsfrage machen das Temperament, die äußeren Lebensgewohnheiten mancher Art, bei dem gleichen Berufe, sehr wesentliche Unterschiede.

Eine individuelle Kostform bedeutet da wenig, wenn sie für einen andern angewandt werden soll. Wenn ein Nahrungsregime vorgeschlagen wird, das sehr wenig Auswahl läßt, so ist es an sich schon unbrauchbar, weil anzunehmen ist, daß es da und dort nicht anwendbar ist. Auch mit Rücksicht auf die Leistungen und Reaktionen des Magens ist eine weitgezogene Freiheit der Wahl unbedingt erforderlich; mit dem Alter vollziehen sich wesentliche Unterschiede hinsichtlich der Bekömmlichkeit der Speisen, von den Eigenarten der Jugendernährung ganz abgesehen.

Dies wenige eben Gesagte dürfte genügen, um zu zeigen, was es bedeutet, wenn man die Ernährungsweise einiger oder auch nur von ein paar Dutzend Personen auf ein neues Regime hin geprüft hat.

Man weiß da noch lange nicht, wie sich einer solchen neuen abweichenden Ernährungsweise die Personen in ihren gesundheitlichen Verhältnissen stellen werden, was ihre geistige und dauernde körperliche Leistung, die Beziehung zu Infektionskrankheiten und was dergleichen mehr ist, anlangt. Das persönliche E m p f i n d e n ist da für die Berechtigung einer Empfehlung nicht entscheidend, weiß man doch, wie Leute, die nur von einer bestimmten Meinung gefaßt sind, alles mit ihrer gefärbten Brille betrachten. Was beobachtet nicht alles der Laie als Wirkung einer Kost! Man darf das Gedeihen eines Kindes oder das angebliche Wohlbefinden eines Erwachsenen nicht als Beweis einer „Musterkost" ansehen.

Glücklicherweise ist der Organismus so konstruiert, daß man ihm auch im Essen viel Törichtes zumuten kann, ohne daß man gerade erkrankt und stirbt. Wir können uns mit manchem Unzweckmäßigen abfinden, wenn von Haus aus eine gute „Natur" vorhanden ist. Manche vertragen den tollsten Abusus des Essens überhaupt.

Auch ein Bier- und Schnapssäufer wird aus seinem Empfinden heraus seine Genüsse für zweckmäßig halten, und man kann aus der Praxis des täglichen Lebens Dutzende von Beispielen finden, daß man trotz des Alkoholabusus gesund bleiben und alt werden kann.

Auch im Zeitalter der Aufpäppelung der Kinder sind nicht alle daran gestorben, die meisten haben sich kräftig entwickelt, fällt es aber jemandem ein, aus dieser Tatsache zu schließen, daß diese Ernährung richtig war und allgemein zu empfehlen ist?

Wegen dieser Unsicherheit, die eine Verallgemeinerung einer Individualkost offen läßt, und wegen der Unmöglichkeit, sozusagen vom grünen Tisch aus Ernährungsformen auszudenken, hat man mit Fug und Recht in einer anderen Weise aus den Erfahrungen des praktischen Lebens Nutzen zu ziehen sich bemüht.

In der Ernährung ist unser Handeln nicht das der freien Willkür, es scheint uns allerdings so, weit wichtiger ist die Leitung durch den unbewußten Drang des Instinkts. Die Menschen- wie die Tierernährung vollzieht sich durch diesen Regulator seit der

Zeit des ersten Entstehens, und, wunderbar genug, wir und das Tier nähren uns unbewußt oft Jahrzehnte lang so, daß kaum eine Gewichtsschwankung auftritt.

Man hat daher im Vertrauen auf die allgemein richtige Tendenz dieser natürlichen Ernährung d e n Weg eingeschlagen, daß man zuerst die Erfahrungen sammelte, die sich bei der freien Ernährung feststellen lassen, und daß dann diese Ergebnisse kritisch betrachtet wurden, um so Vorschläge zu brauchbaren Mittelwerten zu gewinnen. Bei solchen Studien gibt es natürlich nationale und geographische Eigentümlichkeiten; nationale, weil ja in den einzelnen Ländern die Arbeitsweise eine große Verschiedenheit aufweist und die Kultur eine höchst verschiedene zu sein pflegt. Geographische Verschiedenheiten liegen zweifellos auch vor, denn rauhe Klimata machen andere Anforderungen als subtropische und tropische Gegenden, und außerdem bedingt die geographische Lage auch Besonderheiten des Nahrungsmaterials, weil die Kultur der Bodenfrüchte und Viehzucht einen bestimmenden Einfluß auf die Ernährungsmöglichkeiten haben.

Wir wissen über diese verschiedenen besonderen Einflüsse nur wenig durch systematische Untersuchungen. Auch die Berichte über die Ernährungsverhältnisse fremder Völker sind uns zumeist recht oberflächlich bekannt, oft nur aus Reiseberichten, die flüchtige Eindrücke wiedergeben. Vielerlei Seltsames, Unerklärliches und Paradoxes hat sich bei genauerer Einsichtnahme als Irrtum herausgestellt.

Nicht überall auf der Welt liegen die Ernährungsmöglichkeiten gleich günstig, die Menschen müssen sich manchmal gezwungenermaßen mit Ernährungsbedingungen abfinden, die sie oft selbst sehr gern gegen andere zu vertauschen geneigt sind.

Wenn man dem Europäer die Ernährungsverhältnisse eines Inders oder Japaners, eines Chinesen, Eskimo oder Kirghisen als Muster natürlicher Ernährungsverhältnisse vor Augen hält, so wird er sich kaum von solchen Vergleichen zu Änderungen seiner Lebensweise bewegen lassen.

Für unsere Betrachtung kann nur das in Frage kommen, was wir in unserem oder verwandten Kulturländern und unter

denselben Kulturvölkern und ähnlichen geographischen Bedingungen gegeben finden.

Da die Natur nicht überall für ein Volk die günstigsten Ernährungsbedingungen geschaffen hat, ist man auch genötigt, die
Kritik zu Worte kommen zu lassen; nicht alles, was im natürlichen
Verlauf des Lebens geschieht, ist gleich gut, die höhere „Kultur"
der Menschen ist nicht überall vom Übel, sondern tatsächlich auch
ein Fortschritt in der Lebenskunst.

Wir werden uns also zweckmäßigerweise an die einheimischen
Ernährungsformen halten, wenn wir aus der praktischen Erfahrung
Material für die Nahrungsbedürfnisse der großen Masse gewinnen
wollen.

Die praktische Erfahrung hat daher, wie man aus dem Gesagten
entnehmen kann, auch bei uns die erste Grundlage abgegeben, auf
der man das allgemeine Nahrungsbedürfnis zu beurteilen versucht hat. Das war ein richtiger und verständiger Weg. Man hat dabei einen gesicherten Boden unter sich, den des Gedeihens größerer
Menschenmassen, ein Experiment im großen, das wir mit einiger
Befriedigung betrachten können und dessen Ergebnisse wir dann
wieder in „geläuterter Form" in die Praxis übertragen können.

Solche „Ernährungsformen" und „Vorschriften" können nicht
mit dem Maß einer absoluten Exaktheit gemessen werden, sie
gehören nicht mehr zur theoretischen Ernährungslehre, sondern
zur Ernährungspraxis. Man soll nicht immer von einer Kluft
zwischen Theorie und Praxis reden, beide sind eben an sich verschieden in der Denkweise. Der Gesichtswinkel, unter dem man
die Fragen des praktischen Lebens zu betrachten hat, ist ein
völlig anderer wie beim Experiment im kleinen. Eine Massenernährung ist nicht das einfache Problem einer Vertausendfachung
irgendeiner individuellen Beobachtung.

Wir sehen im Essen nicht nur ein Bilanzproblem von Eiweiß-,
Fett- und Kohlehydratgemischen, sondern ein diätetisches Problem, die Berechtigung und den Anspruch jedes Menschen an eine
mundende Kost, die ausreichenden Wechsel bietet und einen gewissen Essensgenuß nicht als etwas Verwerfliches, sondern mensch-
lich Berechtigtes betrachtet.

Wir sehen in der Massenernährung auch ein hygienisches Problem, ein Mittel, den Menschen in den Vollbestand seiner Gesundheit zu bringen, den Körper zu einem solchen zu machen, der Krankheiten widersteht und bestehende leicht überwindet. Das Verantwortlichkeitsgefühl ist ein anderes, ob man an ein paar Menschen experimentiert, die allenfalls, wenn es ihnen nicht paßt, sich einfach empfehlen und es dem Experimentator überlassen, andere nachsichtigere Versuchspersonen zu finden, oder ob man Verordnungen erläßt, denen sich, wie in Gefängnissen usw., andere unterwerfen müssen.

Die statistisch empirische Feststellung der von Menschen verzehrten Nahrungsstoffe geht natürlich nicht allzu weit zurück und konnte erst überhaupt zur Diskussion kommen, seitdem man einigermaßen genaue Analysen der Nahrungsmittel ausführen konnte. Aber schon 1859 finden sich bei M o l e s c h o t t (Physiologie der Nahrungsmittel, S. 218, 219 u. 222) 21 Beobachtungen angeführt, aus denen er unter anderem nach kritischer Sichtung für den arbeitenden Mann auf ein Kostmaß von 130 g Eiweiß, 84 g Fett und 404 g Kohlehydrate (= 2969 kg/Kal.) kam. Von diesen trennt er die sog. Fristatzung (S. 225), die hinreichen soll, um nur das Leben zu erhalten, für welche 61,1 g Eiweiß und 431,6 g N-freie organische Stoffe hinreichen sollen.

V i e r o r d t (Physiologie des Menschen, 1862) sagt, ein Erwachsener ist gut genährt, wenn er bei zu verrichtender mittlerer Arbeit täglich etwa erhält 120 g Eiweiß, 90 g Fett und 330 g Amylazeen (S. 215) (= 2852 kg/Kal.). Auf den Genuß alkoholischer Getränke wurde damals, wie auch offenbar bei den Angaben M o l e s c h o t t s , nicht geachtet.

So war also der Stand des Wissens, als sich mehr und mehr das Bedürfnis herausstellte, Genaueres über die Ernährung unter praktischen Verhältnissen zu erfahren.

V o i t hat dann im Verein mit F o r s t e r (1877) weitere Erhebungen angestellt, welche eine größere Anzahl von Personen umfaßten, auch solche verschiedenen Alters und Berufs.

Als praktische Ziele ergaben sich Vorschläge für Volksküchen, Gefängnisse, Krankenhäuser, Waisenhauskost und die Soldaten-

kost. Ich komme später noch eingehend auf jenen Teil der Voitschen Untersuchung zurück, der uns besonders interessiert, auf die
Kost des mittleren Arbeiters. Vorläufig möchte ich den weiteren Gang
der Entwicklung der Frage der normalen Kostformen hier anfügen.

C. V o i t und seine Mitarbeiter hatten sich bei ihren Untersuchungen darauf beschränkt, die Eiweiß-, Fett- und Kohlehydratmengen in der Kost festzustellen, es ließ sich aber auf
diesem Wege ein befriedigender Vergleich mit den Resultaten
anderer Autoren nicht erzielen.

Hierin wurde Wandel geschaffen durch die von mir begrün-
dete Erkenntnis des Kraftwechsels und seiner Bedeutung für die
Ernährungslehre. Zunächst hatte ich die thermochemischen
Unterlagen für die Energieberechnung ausgearbeitet und mit ihrer
Hilfe alle damals (1885) bekannten Kostsätze einer Untersuchung
unterzogen, wobei sich ergab, daß die bisher zum Teil unver-
ständlichen Angaben mancher Autoren sich bestens in den ganzen
Rahmen einfügten (Zeitschr. f. Biol. 1885, S. 378/7).

Ferner konnte ich damals zum erstenmal für den Menschen
die gesetzmäßigen Beziehungen der Nahrung zur Körpergröße
dartun bis herab zur Säuglingsernährung. Dadurch wurde das
Körpergewicht zu einem wichtigen, nicht zu vernachlässigenden,
berechenbaren Faktor bei allen Untersuchungen dieser Art. Die
Größe des Kraftwechsels überhaupt ließ nunmehr eine Gliederung
der Kostsätze nach verschiedenen Arbeitsleistungen zu und er-
weiterte unsere Kenntnis über die engere Kostform des „mittleren Arbeiters" hinaus.

Die Klassifizierung erfolgte nach dem Kaloriengehalt, und die
Arbeitsweise ist nach dem Gewerbe bezeichnet. Ich gebe eine
kurze Übersicht:

In 24 Stunden:

	Wärmeproduktion brutto	Reinkalorien
Hungerzustand im Respirationsapparat	—	2303
Arbeitskategorie I	2631	2445 Arzt, Mechaniker, Hausverwalter, Lithograph.
,, ,, II	3121	2868 Dienstmann, Schreiner, Soldat.
,, ,, III	3659	3362 Raddreher, Feldarbeiter.

In diesen Fällen wurde die gemischte Kost gegeben, wobei 8,1% der Bruttokalorien im Kot verloren gehen, der Rest also = Reinkalorien. Arbeitskategorie II entspricht etwa dem Voitschen Kostmaß. In allen Fällen ist das Körpergewicht zu rd. 70 kg angenommen.

Darüber hinaus kommen auch noch weitere Steigerungen des Nahrungsbedürfnisses vor, bei noch schwererer Arbeit, auf diese Verhältnisse einzugehen verzichte ich.

Die Beteiligung der einzelnen Nahrungsstoffe in der Kost habe ich in einer anderen Weise wie die älteren Untersucher festgestellt, indem ich die Beteiligung jedes Nahrungsstoffes an der Kalorienzahl berechnete, wodurch alle Kostsätze untereinander nach einem zuverlässigen Maßstab geprüft werden konnten. Dabei ergaben sich für alle Gruppen von Personen, welche einer qualitativ analogen Ernährung entsprachen, außerordentlich gleichartige Verhältnisse (l. c. S. 409). Dem Verhältnis zwischen Fetten und Kohlehydraten ist innerhalb der praktisch vorkommenden Schwankungen keine erhebliche Bedeutung zuzumessen. An Eiweiß finden sich im Durchschnitt rd. $1/_6$ der Gesamtkalorien bei allen Personen, die in ihrer Ernährung unter den Begriff gemischte Kost fallen. Somit ließen sich der Eiweißbedarf leicht auf Grund dieses mittleren Bedarfs berechnen.

Nur bei ganz exzeptionell schwerer Arbeit gewinnt der sich stark steigende Fettkonsum, der das Volumen der Kost verringert, insofern Bedeutung, als das Eiweiß nun nicht mehr proportional der Masse der Nahrung überhaupt zunimmt, sondern etwas zurückbleibt.

In dieser Darstellung erscheint uns also die durchschnittliche Ernährung außerordentlich einfach, und alle damaligen Erfahrungen konnten unter diese Formel gebracht werden. Sie ist auch heute der richtige Ausdruck für das, was wir gemischte Kost nennen.

Der Eiweißbedarf der Arbeitskategorie II, die etwa dem Voitschen mittleren Arbeiter entspricht, blieb nach dieser Berechnung aus dem Gesamtmittel der Beobachtungen auf derselben Höhe, wie ihn V o i t aus seinen Erwägungen normiert hatte.

Abgesehen von den Kostsätzen für Leute mit ausgiebiger
Muskelleistung, habe ich aus dem vorhandenen, aber unbenutzten
Material den wichtigen Nahrungsverbrauch für Leute ohne be-
sondere Muskelleistung berechnet.

So entstand für diese wichtige Klasse von Menschen mit
leichter Arbeit folgendes Kostmaß pro 70 kg: 107 g Eiweiß
46 g Fett und 343 g Kohlehydrate = 2631 kg/Kal.

Wenn man bei starker Arbeit anscheinend mit letzterer den
Eiweißbedarf steigen sieht, so hielt ich diesen Zusammenhang
für nicht erwiesen und führte ihn darauf zurück, daß eben der
kräftige Arbeiter aus derselben Schüssel ißt wie die übrigen,
jedoch mehr im ganzen (Handbuch f. Hygiene R u b n e r , G r u -
b e r , F i c k e r , Bd. 1 S. 159).

Aus dem Gesagten geht hervor, daß der „mittlere Arbeiter"
schon längst aufgehört hat, die alleinige Rolle in der Ernährungslehre zu spielen, denn schließlich fällt die große Masse der Fabrik-
arbeiter ohne besondere mechanische Leistung in die wichtige
Kategorie I, und die Gruppe der ländlichen Arbeiter größtenteils
in die Gruppe III, wozu auch manche Handwerksbetriebe zu
rechnen sind.

In den nächsten Jahrzehnten nach V o i t s Untersuchungen
sind noch viele weitere Beiträge über den Nahrungsmittelkonsum
mitgeteilt worden, zumeist Kostformen von Arbeitern, die teils
mit den früheren Angaben übereinstimmten, teils sie im Eiweißkonsum oft erheblich überholten. Freilich wurden auch damals
Fälle verzeichnet, in denen die Ernährung offenbar viel kümmer-
licher war. S t r o h m e r (Die Ernährung des Menschen, 1889)
bemerkt aber dazu, daß, wenn auch bei einer Familie in der Nieder-
lausitz pro Kopf nur 64 g Eiweiß, 17 g Fett und 570 g Kohlehydrate verzehrt würden und M e i n e r t in Sachsen ähnliche
Zahlen erhalten habe, denen er auch eigene niedere Werte anfügen könne, so zeigten doch alle in solch ungenügender Weise
ernährten Personen eine schwächliche Körperkonstitution und
geringe Leistungsfähigkeit. Auch weiterhin sind Messungen ausgeführt worden, die sich auch auf ausländische Verhältnisse be-
zogen. Nur ein Beispiel für viele:

E. O. H u l t g r e n und E. L a n d e r g r e n nehmen für die schwedischen Arbeiter ein wesentlich anderes Nahrungsbedürfnis an (pro 70 kg) und gemischte Kost. Für den:

	Eiweiß	Fett	Kohlehydr.	Alkohol	kg/Kal.
mittleren Arbeiter	134,4	79,4	485,0	22,0	3421[1])
angestrengten Arbeiter	188,6	101,1	673,1	24,2	4749

Eine recht vollständige Zusammenstellung über diese Verhältnisse findet man bei K ö n i g (Die Nahrungsmittel, 1904, Bd. 2 S. 388).

Wenn man die Leute mit rd. 3000—3200 kg/Kal. Umsatz, welche die Tabelle K ö n i g s enthält, betrachtet, so haben sie einen mittleren Eiweißverbrauch von 127 g täglich, worunter nur zwei Fälle mit 98—134 g in maximo. Die außerdeutschen Verhältnisse sind außer Betracht gelassen.

Bei K ö n i g findet sich ein Vorschlag für gemischte Kost und für 70 kg Körpergewicht (Bd. 2 S. 394, 1904).

	Eiweiß	Fett	Kohlehydrate	kg/Kal.[2])
Ruhe und ganz mäßige Arbeit	100	50	400	2515
Mittlere Arbeit	120	60	500	3100
Schwere Arbeit	140	100	450	3749

In Nordamerika sind gleichfalls sehr umfangreiche Erhebungen gemacht worden, speziell in neuester Zeit.

W. O. A t w a t e r hat auf Grund seiner Untersuchungen der amerikanischen Ernährungsverhältnisse als täglichen Normalkostsatz gefordert:

Nahrung eines Mannes	N-Substanz	Fett	Kohlehydrate	Kalorien
Bei geringer körp. Arbeit	125	125	450	3520
„ mittlerer „ „	150	150	500	4060
„ angestrengter „	175	250	650	5705
„ übermäßiger „	201	350	800	7355

Diese Kostformen für amerikanische Verhältnisse unterscheiden sich alle von den europäischen (und jenen V o i t s) durch die weit höhere Eiweißforderung und die bedeutendere Kalorienzahl.

---

1) Nach meinen Standardzahlen berechnet.

2) Die Kalorienwerte nach meinen Standardzahlen berechnet, die Zahlen von K ö n i g weichen etwas ab.

Aus dem Gesagten ist ersichtlich, daß man nicht von einer unter den Physiologen gültigen Kostform reden kann, sondern es sind deren eine ganze Reihe zu verzeichnen, die, was sowohl Nahrungsstoffe als Energieverhältnisse betrifft, sich nicht unwesentlich unterscheiden.

Bei dieser Sachlage kann es immerhin auffallend erscheinen, daß alle Angriffe auf die physiologische Normierug von Kostformen stets nur gegen die von C. Voit gemachten Annahmen richten. Es wird zunächst wichtig sein, genauer zu besprechen, was die genannte Kostform eigentlich bedeutet.

Die Veröffentlichungen C. Voits, in denen die Anforderungen an die menschliche Ernährung auseinandergesetzt wurden, sind 1877 erschienen und 1881 im Handbuch der Ernährung nochmals in unveränderter Form (S. 518) behandelt worden. Am ausführlichsten ist die Kost des mittleren Arbeiters besprochen worden, diese steht bei ihm im Mittelpunkt des Interesses.

Seine Schlußfolgerungen sind durchaus nicht nur auf eigenem Material aufgebaut, vielmehr werden auch die Ergebnisse früherer Ernährungsstatistiken mit verwendet. In der Normierung des Eiweißbedarfs ist er keineswegs denen, die hohe Eiweißmengen fordern, gefolgt, sondern bewegt sich auf mittlerer Linie.

Natürlich hat er niemals daran denken können, nur e i n e Kostform für alle Menschen aufzustellen, aber allerdings beansprucht seine Kostform für den mittleren Arbeiter i n s o f e r n g e n e r e l l e B e d e u t u n g , a l s e r h i e r d e n a l l g e m e i n g ü l t i g e n E i w e i ß b e d a r f e i n e s g e s u n d e n k r ä f - t i g e n K ö r p e r s g e f u n d e n z u h a b e n g l a u b t e .

Merkwürdigerweise fehlt eine genaue Forderung für nicht Muskelarbeit leistende Personen.

Nur eine kurze Bemerkung ist l. c. S. 520 zu geben, wo es heißt: Für die nicht mit der Kraft der Arme Arbeitenden halte ich es für besser, nur gegen 350 g Kohlehydrate zu geben und den übrigen Bedarf an Fett. Und später heißt es, was vielleicht herangezogen werden könnte, S. 522: Da bei der Tätigkeit mehr N-freie Substanz zerstört wird, so braucht ein Arbeiter am Tage der Ruhe weniger N-freie Stoffe und relativ mehr Eiweiß. Eine be-

stimmte Formulierung für den Eiweißbedarf dieser Menschengruppe ist nicht gegeben.

In dem Abschnitt Nahrung nicht arbeitender und arbeits-
unfähiger Personen (S. 528) spricht V o i t von einer Erhaltungs-
diät, welche einen Körper in herabgekommenem Zustande vor
dauerndem Nachteil zu bewahren imstande ist. In diese Gruppe
rechnet er die Gefängniskost, die Kost in Armenhäusern usw.
(s. o. Fristatzung M o l e s c h o t t s).

Während sonst der Grundsatz festgehalten wurde, das normale Gewicht, das der Körpergröße entspricht, zu erhalten, wird
für Gefängnisse konzediert, daß die nicht Arbeitenden von ihrem
Körpermaße einbüßen. Im Mittel sollte die Verköstigung betragen
(C. V o i t , Die Kost usw., S. 145):

> 85 g Eiweiß,
> 30 g Fett,
> 300 g Kohlehydrate = 1857 kg/Kal.

Wie weit dabei der Körper an Gewicht einbüßt, ist leider
mit keiner Zahl belegt; nach Maßgabe der Kalorien ist es aber
kaum möglich, einen Menschen von 50 kg dabei in einem arbeits-
losen Ruhezustand zu erhalten, wie ich aus einer überschlägigen
Schätzung sehe; ich glaube, daß diese Kostform nirgendwo für
d a u e r n d e Verpflegung eine Aufnahme gefunden haben kann.

Die Kostsätze sind sog. B r u t t o w e r t e , worünter man
zu verstehen hat, daß darunter die Summe der Nahrungsstoffe
gemeint sind, welche verzehrt werden. Es wird aber stets ein
Teil der Nahrungsstoffe mit dem Kot verloren gehen. V o i t
hat für seine Nahrungsmischung angenommen, daß von 118—120 g
Eiweiß etwa 100 g resorbierbar seien, d. h. daß der N von rd.
100 g Eiweiß im Harn ausgeschieden wurde (= 16,6 g). In der
Gefängniskost ist der Verlust oft größer.

Kostvorschläge wie der Voitsche sind niemals eine Kostordnung, die j e d e m Individuum streng angepaßt ist. Sie müssen
gestatten, daß auch der Robuste einer solchen Menschengruppe
mit der Nahrung auskommt. In diesem Sinne hat C. V o i t seine
Kostbemessungen erklärt (s. B o w i e , Zeitschr. f. Biol., Bd. 15

S. 460). Es wird noch die besondere Bemerkung zugefügt, daß
lieber einer mit Überfluß leben, als von der Kost zu wenig erhalten solle.

Gemeint ist also eine Berechnung „p r o K o p f" einer Be-
rufsklasse, daher ist auch eine nähere Normierung des Gewichts
nicht angegeben worden, weder für den mittleren Arbeiter oder
Soldaten noch sonst für Gefangene, alte Leute usw. Erst viel
später ist dieser Gesichtspunkt allmählich aufgetaucht und zur
Diskussion gestellt worden, als man Einzelfälle untersuchte und
die Ergebnisse mit den Voitschen Forderungen verglich. Hätte
V o i t von Anfang an diesen Standpunkt der Massenversorgung
nach einer pro Kopf berechneten Kostform schärfer betont, so
wäre natürlich die Diskussion nach manchen Richtungen hin
abgekürzt worden.

Man darf aber bei dieser Bemerkung nicht einen Vorwurf
sehen, denn im Jahre 1877 war man keineswegs in der Lage, scharf
zu beurteilen, wie sich ein Kostmaß je nach der Körpergröße
ändert. Erst mehrere Jahre später haben wir die näheren Anhaltspunkte dafür gewonnen.

Eine Berechnung pro Kopf drückt aus, daß die Kostform
ein Gesamtmittel darstellt, von dem der Einzelfall Abweichungen
zeigen kann.

Natürlich muß jeder Kostform irgendein ideelles Kostmaß,
das im einzelnen zu begründen ist, zugrunde liegen.

Für den mittleren Arbeiter (9—10 Stunden Arbeitszeit bei
70 kg Gewicht) wollte V o i t nicht allein eine reine Bilanzforde-
rung geben, sondern z u g l e i c h e i n e D i ä t, welche ohne
Luxus das soziale Ziel hatte, eine auch abwechslungsfähige Kost
zu reichen und eine Kost zu bieten, die leicht resorbierbar ist
und kein allzu großes Volumen beansprucht. Es war die „gemischte" Kost, Animalien und Vegetabilien und 190 g frisches
Fleisch enthaltend und nicht mehr als 750 g Brot.

Diese Vorschläge gründeten sich einesteils auf das Ziel, eine
gut resorbierbare Kost zu bieten, um jede unnötige Belastung
des Darms zu vermeiden, anderseits auf das Bestreben, die Kost

der kleinen Leute zu verbessern, sie zu heben und qualitativ schmackhafter zu machen.

Soweit das Material, welches von C. V o i t selbst für die praktische Ernährung vorgeschlagen wurde; auf einiges andere, was über Minimalernährung heruntergekommener Personen, und zwar in dem Buch über die Kost an öffentlichen Anstalten, gesagt wird, will ich nicht weiter eingehen[1]).

---

1) Merkwürdigerweise werde ich in der neuesten Zeit häufig für die Voitschen Forderungen mit verantwortlich gemacht, und eine Reihe polemischer Publikationen wendet sich gegen mich, obschon die Voitschen Untersuchungen weit vor der Zeit meiner ersten literarischen Betätigung liegen. In besonders schroffer Form geschieht das von H i n d h e d e in dem Büchelchen „Eine Reform unserer Ernährung", deutsche Ausgabe 1908. Der Verfasser schreibt selbst in der Einleitung, daß das Buch eine etwas polemische Form habe, das wäre gerade nicht das Schlimmste, sie ist aber tendenziös, da sie die Fragen nicht objektiv behandelt und fremde Meinungen und Anschauungen entstellt und unrichtig wiedergibt. H i n d h e d e sagt in seinem Buche S. 27:

»In demselben Bande der ‚Zeitschrift für Biologie'... findet man eine Abhandlung von R u b n e r , worin auch er die Voitsche Norm verteidigt.« Wenn man dies liest, meint man gewiß, das sei das definitive Resumé über meine Gesamtstellung zur Voitschen Kostform. Es wird auch ein Zitat aus meiner Arbeit, das einem Reisebericht W e r n i c h s über die Kost der Japaner entnommen war, erwähnt und hinzugefügt: „Es klingt freilich etwas sonderbar in u n s e r e n Tagen von der physischen Schwäche der Japaner zu sprechen." H i n d h e d e sucht hier nochmals zu unterstreichen, was meine Anschauungen sind. Leider erfährt der Leser erst, wenn er im Literaturverzeichnis nachsieht, daß ihm hier etwas aufgebunden wird, was nicht in „unseren Tagen" spielt, sondern im Jahre 1877, als ich meine Dissertation verfaßte, die 1879 in der Zeitschrift für Biologie gedruckt wurde. Welchen Grund hätte ich als junger Anfänger haben können, gegen den Kostsatz von 118 g Eiweiß aufzutreten, der soeben allgemein akzeptiert war!

Als H i n d h e d e sein Buch schrieb, wußte er ganz genau, was m e i n e Meinung ist, und daß sie nichts weniger als eine allgemeine Verteidigung dieser Voitschen Norm bedeutet; nur am Ende des Buches findet sich noch einmal eine mich betreffende Notiz, die seinen ersten Angriff unnötig gemacht hätte.

Ich habe tatsächlich niemals zur Frage des E i w e i ß b e d a r f s öffentlich eine andere Stellung eingenommen, als Dutzende anderer Autoren bis zur Darlegung meines besonderen Standpunktes in meinem Handbuch der Hygiene 1895 und in dem Abschnitt „Ernährungslehre", in Leydens Handbuch der Ernährungstherapie (cfr. 1897, 6. Aufl., S. 135) und noch ausführlicher in einem Vortrag auf dem 14. Internationalen Kongreß für Hygiene und Demographie 1907 zu Berlin. In diesen Publikationen habe ich dar-

Die Angaben haben bei C. V o i t selbst im Laufe der Zeit einige Änderungen erfahren. In den ersten Publikationen war darunter keineswegs dasselbe verstanden wie in späteren Publikationen.

Zuerst wurde das Eiweißbedürfnis auf 118 Eiweiß (worin 16,3 N im Harn) begrenzt (Kost in öffentlichen Anstalten 1877, S. 15 und Handbuch, S. 519). Die letzten eingehenden Angaben hat C. V o i t 1889 (Zeitschr. f. Biol., Bd. 25 S. 253, wo das Mittelgewicht des Arbeiters zu 72 kg an Stelle von 70 kg wie früher und der resorbierbare N zu 15,9 angegeben wird) gemacht. Der Eiweißgehalt der Kost wird dort = 18,3 N (l. c. S. 243 steht 18,9, was wohl ein Druckfehler) = 118 Eiweiß angeführt, der N-Gehalt ist daher mit 6,45 multipliziert, d. h. es ist das Verhältnis von N : Trockengehalt des Muskels zugrunde gelegt worden. Nach späteren Untersuchungen, die ich angestellt habe, wurde der Gehalt der Muskelsubstanz fettfrei = 15,4 g N bei rd. 4,23% Asche gefunden, also N : N-Substanz 1 : 6,21, nicht aber 6,45. Die angenommenen Werte V o i t s würden am besten nach den heute üblichen Verhältniszahlen umgerechnet, wobei 18,3 N nicht 118 N-Substanz sind, sondern nur 114,4 g N-Substanz (s. Zeitschr. f. Biol., Bd. 21 S. 310).

V o i t rechnet (Zeitschr. f. Biol., Bd. 25 S. 252) zwar die Einnahmen mit dem Verhältnis 1 : N : 6,44 g Eiweiß, den Verlust des Kotes aber = 2,3 × 6,25 = 14,8 (14,4?), was man nicht wohl tun kann, wenn die Einnahmen anders berechnet sind.

Gleichheitlich berechnet wird also die Einnahme = 114,4
und der Verlust im Kot —2,3 × 6,25 . . . . = 14,4
also nutzbares Eiweiß (= N-Substanz) . . . = 100,—

getan, daß es kein allgemein gültiges Eiweißbedürfnis gebe, und daß es auch unter bestimmten Ernährungsbedingungen möglich ist, mit sehr wenig Eiweiß auszukommen.

Warum ich aber nicht selbst eine „neue Lehre" auf meine Rechnung begründet, vielmehr von der Überführung dieser Ideen in die Praxis abgesehen habe, ist an den genannten Stellen ausführlich besprochen.

Die meisten Autoren haben mit Rücksicht auf die praktischen Fragen das Voitsche Kostmaß als eine brauchbare Annäherung gehalten und sich deshalb auch einer ins Detail gehenden Kritik enthalten. Auf diesen Standpunkt habe ich mich auch persönlich gestellt.

An derselben Stelle wird nicht mehr das Gewicht = 70 kg, sondern (l. c. S. 253) 72 kg für den Arbeiter angegeben. V o i t selbst hat, so viel ich weiß, seine Angaben nicht nach diesen etwas höheren Gewichtsangaben reduziert. Will man aber zu einer Zahl kommen, die den genauen Angaben V o i t s entspricht, so muß man auch diese Korrektur vornehmen, dann würde der Bedarf des mittleren Arbeiters definitiv so lauten pro 70 kg:

N-Bedarf brutto 17,79 g N = rd. 17,8
Bruttostickstoffsubstanz 111,2
Nutzbare N-Substanz 97,0

D a s   w ä r e   a l s o   e i n h e i t l i c h   g e r e c h n e t   u n d   m i t B e r ü c k s i c h t i g u n g   e i n i g e r   v o n   C.   V o i t   s e l b s t g e g e b e n e r ,   a b e r   n i c h t   v e r w e r t e t e r   K o r r e k - t u r e n   d e r   r i c h t i g e   A u s d r u c k   f ü r   d i e   F o r d e - r u n g   d e s   v i e l u m s t r i t t e n e n   „ m i t t l e r e n "   A r - b e i t e r s.

Ich würde es für viel zweckmäßiger halten, lieber von einem Bedarf an resorbierbaren Eiweißstoffen zu reden, weil man für rein theoretische Zwecke und die Aufgabe einer Verständigung und Klarlegung der Experimente von der Ausnutzung absehen sollte. Vielleicht wäre es zweckmäßig, den N oder das Eiweiß, das man in der Kost bietet, „Brutto-N-Substanz" in Analogie zu den „Bruttokalorien" zu benennen und das Resorbierte „nutz- bare N-Substanz" zu heißen. Allerdings ist die nutzbare N-Sub- stanz völlig exakt durch einfache Subtraktion des Kot-N vom Einfuhr-N nicht zu erfahren, weil zweifellos etwas N bei nor- maler Resorption und völliger Resorption auch im Darm verloren wird. Diese Bedenken hat schon C. V o i t geltend gemacht. Ich halte es aber für ganz nebensächlich, denn ich habe dargetan, daß bei reiner Fleischkost der N-Verlust im Kot, der dabei we- sentlich als Stoffwechselanteil erscheint, nur 2,5% ausmacht (Zeitschr. f. Biol., Bd. 15 S. 123). Diese geringe Differenz ist für praktische Betrachtungen völlig belanglos. Die Größe der nutz- baren N-Substanz mag also rd. zu **97 g** pro Tag (und 70 kg) an- genommen werden.

Diese Menge würde also für einen Organismus mit vollem normalen N-Gehalt seiner Zellen im Training bei mittlerer Arbeit und gemischter Kost nach Voitscher Definition hinreichend sein, wenn die Grundlagen der Ausgangswerte als richtig angenommen werden.

Weniger beachtet wurde das von V o i t geforderte K o h - l e n s t o f f v e r h ä l t n i s. Die Vorschläge wurden meist 1877 publiziert; da die energetischen Verhältnisse noch nicht bekannt wären, stellte V o i t ein Kohlenstoffmaß auf. Fett und Kohlehydrate zusammen sollten 265 C liefern (Handbuch, S. 518). Diese Zahl ist aus den Äquivalenzzahlen zwischen Fetten und Kohlehydraten entstanden. C. V o i t meinte, Fett und Stärkemehl verhielten sich wie 100 : 175, was eine Gleichwertigkeit nach dem Kohlenstoffgehalt repräsentiert. Ich habe wenige Jahre später bewiesen, daß nicht nur Fett und Kohlehydrat, sondern diese auch mit Eiweiß sich vertreten und dann die Verhältniszahlen die i s o d y n a m e n Werte sind (1883). Wenn es ein Kohlestoffbedürfnis ähnlich dem N-Bedürfnis des Körpers gegeben hätte, würden die Energiewerte unter Umständen um mehr als 30% verschieden sein können, je nachdem Fett oder Kohlehydrate gewählt werden. Diese Kohlenstoffnorm ist von V o i t in späteren Diskussionen zu Ernährungsfraten der Menschen (Zeitschr. f. Biol., Bd. 25 S. 243) durch die isodynamen Werte für Fett und Kohlehydrate ersetzt worden.

An dem Gesamtenergieverbrauch für den mittleren Arbeiter eine Korrektur vorzunehmen, empfiehlt sich kaum. Ob man also den mittleren Arbeiter zu 70 kg, wie V o i t zuerst tat, rechnet oder zu 72 kg, wie später, ist praktisch für die Kalorienmenge gleichgültig. Wohl aber verschiebt sich in etwas das Nährstoffverhältnis.

Wenn der Eiweißbedarf statt 118 nur 111,2 g ist, so kann die Differenz den Kohlehydraten zugerechnet werden, so daß der Kostsatz lautet: 111 g Eiweiß, 56 g Fett und 507,2 g Kohlehydrat. Es läge nahe, eine Abrundung auf **110 g Eiweiß (17,59 N), 60 g Fett und 500 g Kohlehydrate** (= 3059 kg/Kal.) zu machen. In den runden Zahlen liegt an und für sich schon ausgedrückt, daß sie mittlere Werte, die keine Genauigkeit auf Einheiten beanspruchen, darstellen. Ich glaube, daß man diese Annahme mit gutem Gewissen vertreten kann, die resorbierbare N-Substanz (17,6—2,3) wäre dann rd. 96, der zu erwartende N des Harns 96 : 6,25 = **15,3** pro Tag.

Wir sehen also, daß die angenommenen 118 Eiweiß einen etwas zu hohen Wert repräsentieren, der nur durch die nicht ganz zutreffende Berechnungsweise entstanden war.

III.

Wie aus verschiedenen Publikationen hervorgeht, hat V o i t den von ihm aufgestellten Bedarf von 118 g Eiweiß (18,3 N im ganzen = 15,9 N im Harn) als ein allgemeines Erfordernis für jeden arbeitenden Mann seiner Definition angesehen, gleichgültig, um welche Ernährung es sich handeln sollte. Nach meiner heutigen Definition wären 118 g Eiweiß also als ein physiologisches Minimum zu bezeichnen gewesen, mit dem Zugeständnis allerdings einer durch die praktischen Verhältnisse gegebenen Schwankung. Den Bedarf an Fetten und Kohlehydraten normiert er auf 265 g Kohlenstoff (C. V o i t, Die Kost usw. 1877, S. 15).

Aus diesen Anschauungen folgte eine geringere Wertschätzung der Ernährung mit N-armen Vegetabilien, weil V o i t meinte, wenn man den Eiweißbedarf damit decken wolle, müßte viel Nahrung im Überschuß gegeben werden und diese würde so ziemlich nutzlos verbraucht. Reis, Mais, Kartoffeln konnten nach dieser Auffassung allein den N-Bedarf nur decken, wenn an Kalorien im Überschuß aufgenommen würde. Manche Literaturangaben schienen auch diese Vorstellungen durch die Erfahrung zu decken.

Nun war es V o i t keineswegs unbekannt, daß es Fälle mit viel kleinerem Eiweißkonsum auch bei arbeitenden Personen gab, abgesehen von zahlreichen Fällen niedrigen N-Verbrauchs bei nicht arbeitenden Personen, in Gefängnissen, bei Rekonvaleszenten, bei alten Personen. Hierfür hat er selbst Material beigebracht (Die Kost usw., S. 18).

Den Widerspruch löste er zunächst durch die Annahme, daß bei allen Personen mit geringerem N-Umsatz ein Verlust an Muskelsubstanz vorausgegangen sei, es sollte sich nach unserer Ausdrucksweise um Unterernährung handeln.

Diese Folgerung ergab sich aus den Anschauungen über die Beziehung von Eiweißbedarf und Muskelsubstanz; er hielt ersteren wesentlich von der Muskelmasse und dem zirkulierenden Eiweiß abhängig.

Späterhin legte er Wert auf das Verhältnis von N der Nahrung zu den N-freien Stoffen. Er erkannte aus Versuchen an einem Vegetarier, daß man auch mit weniger Eiweiß, als er früher für nötig annahm, auskommen könne, ohne einen niedrigen Ernährungszustand zu zeigen (Zeitschr. f. Biol. 1889, Bd. 25 S. 287), wenn ein Überschuß an Kohlehydraten vorhanden sei. Für die Ernährung aber sei es besser, auf eine solche Minderung des Eiweißes zu verzichten und mehr Eiweiß und weniger Kohlehydrate zu geben.

Die Abneigung vieler Ernährungsphysiologen, die energetische Lehre konsequent durchzuführen, hat dahin geführt, daß man mehr als zwei Jahrzente lang die Eiweißfrage im Sinne von C. Voit als eine Sache für sich betrachtet hat. Ich habe (Das Problem der Lebensdauer 1908, S. 1 ff.) später im Zusammenhang gezeigt, welch einfache Auffassung auch für den Eiweißumsatz die energetische Betrachtung liefern kann.

Allmählich machte sich der Zweifel geltend, ob tatsächlich so viel Eiweiß notwendig sei, wie Voit forderte. Man suchte den Eiweißkonsum einzuschränken, um so den wahren, niedersten Eiweißbedarf zu finden, und kam zu recht wechselnden Resultaten.

Die Lösung der Frage des minimalsten Eiweißbedarfs nahm ihren Ausgang von Experimenten, die wenig beachtet worden sind.

Schon 1883 hatte ich mit k e i n e s w e g s ü b e r s c h ü s - s i g e n Kohlehydratmengen bei Tieren den Eiweißverbrauch auf einen äußerst tiefen Stand gebracht, auf 5—6% Eiweißkalorien des Gesamtenergieverbrauchs (Abnutzungsquote). Ich habe damals angegeben, daß ein solches Eiweißminimum nicht als einfacher Fütterungseffekt anzusehen sei, sondern physiologisch eine ganz andere Bedeutung habe, nämlich die eines rein s t o f f -

l i c h e n Eiweißbedürfnisses, als Aufbaumaterial für zugrunde gehende Zellsubstanz, während Überschreitungen dieser Grenze einen unnötigen, weil durch Kohlehydrat ersetzbaren Verbrauch darstelle (dynamischer Verbrauch).

Wohl das schlagendste Beispiel für den auch beim völlig gesunden und normalen Menschen kleinsten Eiweißverbrauchs auf der Höhe der Abnutzungsquote gaben die Untersuchungen von mir und H e u b n e r für den gesunden Säugling. Damit war der zweifellose Nachweis geliefert, daß normale und gesunde Gewebe möglich sind, auch wenn nur minimale Eiweißmengen verfüttert werden (Zeitschr. f. Biol. 1898, S. 1). Auf den Erwachsenen übertragen hätte sich ein N-Minimum von 31 g pro Tag ergeben müssen, was auch später durch K. T h o m a s durch direkte Experimente erwiesen wurde.

Durch diese Untersuchungen, die ich nur kurz berührt habe, ist die Erhaltungsmöglichkeit des körperlichen N-Bestandes auf der Basis der Abnutzungsquote auch für den Erwachsenen sichergestellt.

Doch kann man nicht mit jedem Eiweißstoff diesen Effekt auf derselben Stufe erzielen, weil die Eiweißstoffe nicht gleichwertig sind.

Um ein paar konkrete Zahlen zu geben, so kommt man mit animalischem Eiweiß mit 25—35 g pro Tag (und 70 kg Körpergewicht) aus, bei Kartoffeln mit etwa 38,7 g N-Substanz (nach T h o m a s), bei Weizenmehl (Brot u. dgl.) erst mit 84 g N-Substanz aus, wobei die beiden letzten Nahrungsmittel auch zur alleinigen Befriedigung des Nahrungsbedarfs dienen können.

Der Beweis, daß eine Eiweißzufuhr, welche auf dem physiologischen Minimum liegt, Veränderungen des N-Bestands des Körpers, welche als erheblich oder den eigentlichen Organ-N-Bestand gefährdend angesehen werden muß, n i c h t z u r F o l g e h a t, wurde dann durch K. T h o m a s direkt erbracht (K. T h o m a s, Archiv f. Physiol. 1910 und R u b n e r, ebenda 1911).

Bei dem Übergang von einer Ernährungsform zur andern wird entweder Eiweiß vom Körper verloren oder angesetzt; diese Änderung pflegt aber dann, wenn die beiden Eiweißquoten zur

Erhaltung der Muskel und Organe hinreichend sind, relativ gering zu sein. Von einer Schädigung der Muskelmasse ist nicht die Rede (R u b n e r , Beziehung zwischen dem Eiweißbedarf des Körpers und der Eiweißmenge der Nahrung. Archiv f. Physiol. 1911, S. 61).

Ist die dargebotene Eiweißmenge unter der Grenze eines „Minimums", so treten aber bedrohliche Eiweißverluste ein. Im ersten Fall wird Vorrats- und Übergangseiweiß, im letzten Organeiweiß verloren.

Diese beiden grundverschiedenen Vorgänge hat man früher z u s a m m e n g e w o r f e n , d a d u r c h s i n d v i e l e M i ß - v e r s t ä n d n i s s e e n t s t a n d e n. A u c h b e i C h i t t e n - d e n f i n d e t s i c h d i e s e r I r r t u m.

Die Annahme, daß jeder kräftige Erwachsene 118 g Eiweiß täglich zu seiner Erhaltung, speziell seines Eiweißbestandes, notwendig habe, wie V o i t angenommen hat, habe ich auf Grund der von mir erkannten Tatsache, daß mit Kartoffeln und Brot auch mit weniger N in der Nahrung ein N-Gleichgewicht zu erhalten war, widersprochen. Die ausschlaggebenden Experimente lagen eigentlich schon in meinen Ausnutzungsversuchen des Jahres 1877, waren aber unbeachtet geblieben. Ich habe mich ganz unzweideutig (1897) ausgesprochen, indem ich sagte:

„Man darf demnach nicht annehmen, daß unter allen Umständen ein niederer Eiweißverbrauch in der Kost auch einem niederen Eiweißbestand am Körper entsprechen müßte; e s k o m m t e b e n e i n N - G l e i c h g e w i c h t u n t e r s e h r v e r s c h i e d e n e n U m s t ä n d e n z u s t a n d e. Beim Übergang von einer mittleren Kost zu einer vegetabilischen, eiweißarmen und kohlehydratreichen braucht durchaus nicht eine nennenswerte Einbuße an Körpereiweiß einzutreten."

Außerdem fügte ich mit Bezug auf die Kartoffel hinzu:

„Da man den Eiweißverbrauch eines hungernden Menschen auf 42—47 g rechnet, so würden wir auch annehmen müssen, daß der ausschließlich Kartoffel Verzehrende mit einem dem Umsatz im Hunger nahestehenden Bedarf (an N) auskommt." (Leydens Handbuch der Ernährungstherapie 1897 u. 1903, S. 135.)

Ich wies also nach: Das von C. Voit geforderte Eiweißmaß ist kein allgemein gültiges Minimum, es stellt überhaupt kein Minimum im Sinne der Bilanzfragen des N dar (Volksernährungsfragen 1908, S. 41). Damit ist meine Stellungnahme zur Eiweißfrage genügend gekennzeichnet.

Haben sich so die früheren Annahmen Voits über die generellen Beziehungen des Nahrungseiweißes zum Muskelmaß auch nicht als zutreffend erwiesen, weil er die Scheidung in eine stoffliche und dynamische Wirkung des Eiweißes nicht kannte, so sehen wir jetzt, daß eine enge Beziehung von Muskelmasse und Eiweißzufuhr von der Grenze ab besteht, wo ein Minimum erreicht worden ist.

Vorläufig kann es scheinen, als würde die Kluft zwischen Ernährungstheorie und Ernährungspraxis immer breiter und unüberbrückbarer, allein wir werden sehen, daß sich schließlich doch eine befriedigende Lösung finden läßt.

Gewisse Einzelfälle einer Ernährung mit kleinen Eiweißmengen sind uns also wohl verständlich, und sie sind außerdem möglich, auch ohne daß allemal eine Einbuße an Muskel- und Organmasse vorausgegangen ist.

Tatsache aber ist, daß man in der Praxis des täglichen Lebens niedrige Werte des Eiweißkonsums selten, solche mit 110—120 (auf 70 kg berechnet) zumeist und noch höhere Werte jedenfalls viel häufiger als die kleinen Werte trifft.

Fälle mit niedrigen Eiweißwerten sind fast immer nur bei Berufsklassen von anerkannt schlechter sozialer Lage mit ausgeprägten Erscheinungen der Unterernährung gefunden worden.

Als Stütze dieser Erfahrungen kann noch dienen, wenn ich hier eine Zusammenstellung über die mittlere Ernährung in einigen Großstädten, deren Lebensmittelzufuhr bekannt ist, anführe. Schiefferdecker und Mayr haben seinerzeit die statistischen Angaben über den Nahrungsmittelkonsum in Königsberg, München, Paris und London publiziert, und C. Voit hat daraus den Verbrauch an Eiweiß, Fett und Kohlehydrat berechnet, ich füge dem die energetische Betrachtung dieser Kost bei.

Pro Kopf und Tag findet sich in Gramm verzehrt

	Eiweiß	Fett	Kohlehydrat	kg/Kal.
Königsberg	84	31	414	2394
München	96	65	492	3014
Paris	98	64	465	2903
London	98	60 .	416	2661
Das Gesamtmittel ist	94	55	447	2743
In Prozent der Kalorien sind .	14,0%	18,6%	67,4%	

Man kann daraus ersehen, daß in dem Verzehrten im Durchschnitt sich fast dieselben Verhältnisse der Nahrungsmittel finden wie in der Kost, die man als gemischte bezeichnet.

Nach dieser Zusammensetzung würde dann

	Eiweiß	Fett	Kohlehydrat	kg/Kal.
auf den mittleren Arbeiter . . .	106 g	62 g	509 g	3100
auf eine Person ohne Muskelarbeit	90 g	52 g	427 g	2600

IV.

Ich kehre nun zur Besprechung der Broschüre Chittendens zurück.

Chittenden bemängelte, daß man in der Ernährungslehre sich für die Feststellung des Nahrungskonsums und Nahrungsbedarfs von falschen Gesichtspunkten leiten lasse, indem man durch statistische Erhebungen über die selbstgewählte Nahrung verschiedener Menschen eine Norm bilde, und die rein empirisch gefundenen Kostsätze als Notwendigkeit betrachte. Die Menschen könnten doch auch mehr essen als notwendig sei.

Ich habe schon auseinandergesetzt, daß diese Statistik ganz unentbehrlich ist, weil sich in ihr ein natürliches Walten offenbart. Wenn wir über größere Zahlen verfügen, gleichen sich Absonderlichkeiten der einzelnen aus und wir erhalten mehr und mehr den wahren Ausdruck der Bedürfnisse.

Jedenfalls ist dieser Weg für die Allgemeinheit besser, als wenn wir uns eine Kost ausdenken und erwarten, daß sie nun der Allgemeinheit konvenieren werde.

Chittendens Äußerung richtet sich vielleicht direkt gegen eine Reihe sehr umfangreicher Enqueten, die man in Nordamerika über den Nahrungskonsum der Bevölkerung angestellt hatte, wobei man zu einem nicht unerheblich höheren Nahrungsbedarf gelangt war, als wir ihn für europäische Verhältnisse kennen (s. o. S. 17). Durfte Chittenden aber eine solche allgemeine Behauptung aufstellen? Wer die Geschichte der Ernährungslehre kennt, weiß, daß man allerdings in der ersten Zeit, als sie noch in den Anfängen ihrer Entwicklung war, die Mengen der für die Massenernährung notwendigen Nahrungsstoffe nicht anders erfahren konnte als auf dem Wege der Statistik, durch eine genaue Feststellung des von den Menschen konsumierten Materials. Aber man darf füglich immerhin Männern, wie Playfair, Moleschott, Liebig usw., denen wir die ersten Angaben verdanken, ein gewisses Maß der Kritikfähigkeit zubilligen, dahingehend, daß sie durch eine verständige Wahl ihrer Versuchspersonen einigermaßen sich vor dem großen Fehler verwahrten, nur Vielesser zu ihren Untersuchungen heranzuziehen.

Was Playfair, Moleschott, Hildesheim, Voit unabhängig voneinander als Nahrungskonsum eines arbeitenden Mannes in verschiedenen Ländern vor Erkenntnis der Kalorienlehre konstatierten, ist das ein Zufall, daß es bis auf wenige Kalorien untereinander übereinstimmt? All das nicht nur in Beobachtungen für ein paar Tage, sondern als Ergebnis langdauernder Messungen.

Man wird sich aber auch erinnern, daß es eine Periode der Ernährungslehre gibt, die mit Pettenkofer und Voit anhebt, in der man die praktischen Erfahrungen der Nahrungsstatistik mittels der genaueren Untersuchung in Laboratoriumsexperimenten kontrollierte, um sicher zu sein, daß diese Ergebnisse gegen die Fehler gewappnet sind, überflüssige Nahrung zuzuführen. Überall haben wir auch die Grundlage durch Versuche an hungernden Menschen und wissen genau, wie eng sich die praktische Ernährung an das Mindestbedürfnis an Nahrung anschließt. Die Respirationsversuche waren und sind noch heute die einzige zuverlässige Methode, um zu prüfen, was tatsächlich im Tier- und Menschenkörper verbraucht wird.

Wenn man die populären Lobeserhebungen über die Untersuchungen C h i t t e n d e n s liest, so wird der nüchterne Beobachter zunächst fragen, welche Methoden hat denn C h i t t e n - d e n s angewandt, um völlig neue Bahnen zu eröffnen? Und wenn man die Ausführungen selbst liest, so wird man höchst ernüchtert. Die Versuche bestehen in nichts anderem, als daß er Personen mit einer relativ eiweißarmen Kost und kleineren Nahrungsmengen, als sie üblich sein sollen, ernährt hat; in bestimmten Zwischenräumen wurde der N-Gehalt der Nahrung und der Ausfuhr, im übrigen nur das Körpergewicht festgestellt. Daß die Versuche auf längere Zeit durchgeführt wurden, kann den Hauptmangel nicht ersetzen, daß keinerlei Kontrolle der gasförmigen Ausscheidungen ausgeführt wurde. Diese Methodik ist also weder neu noch irgendwie an sich zuverlässiger, als sie ehedem in älterer Zeit auch ausgeführt worden ist. Ich nehme an, daß absolut zuverlässige Sicherheitsmaßregeln getroffen wurden, um auszuschließen, daß die Personen auch noch anderes als die angegebene Nahrung oder alkoholische Getränke aufgenommen haben.

C h i t t e n d e n geht in seiner Publikation von einer Annahme aus, die nicht bewiesen ist und allen unseren experimentellen Erfahrungen widerspricht, nämlich von der Luxuskonsumption der Ernährung. Die Behauptung ist geeignet, in weiten Schichten der Bevölkerung Verwirrung hervorzurufen, den Körper als einen Ofen zu betrachten, den man beliebig mit Kohlen versehen kann, ist zwar eine populäre, aber ebenso auch völlig falsche Vorstellung. Was C h i t t e n d e n eine Luxuskonsumption nennt, existiert in diesem Sinne nicht.

Wenn jemand mehr an Nahrungsstoffen aufnimmt, als er notwendig hat, so wissen wir ganz genau, was geschieht und was darüber zu sagen ist, findet sich mit den experimentellen Grundlagen in meinem Buche „Die Gesetze des Energieverbrauches" 1902, nachdem die ersten Mitteilungen hierüber 1883 (Zeitschr. f. Biol., Bd. 19 S. 329) und 1885 gemacht worden waren.

In dieser Hinsicht kommt zunächst nur das in Frage, was man die abundante Kost nennt. Der geringste Nahrungsverbrauch ist beim Hunger vorhanden, weil da der Körper seine Bedürfnisse aus eigenem Material deckt. Die nächste Stufe ist die Vollernährung mit Nahrungsstoffen, diese kommt beim Menschen nicht so zustande, daß genau nur so viel Nahrung (in diesem Fall handelt es sich um Kalorien) zugeführt wird, wie im Hunger verbraucht wird, sondern etwas mehr.

Dieses notwendige „Mehr" ist, wie ich gefunden habe, von der Art der Nahrungsstoffe abhängig; jeder hat seine spezifische, dynamische Wirkung. Man hat diese Steigerung des Bedarfs auch als Verdauungsarbeit erklären wollen, wie es Z u n t z und seine Schule tun, was sich aber nicht aufrecht erhalten läßt. Diese theoretische Frage hat aber keine Bedeutung für unser Ziel.

Nahrungsgemische wirken annähernd wie die Summe der Einzelwirkungen von Eiweiß, Fett und Kohlehydraten.

Nahrung über diese Grenze hinaus ist dann eine abundante. Der Überschuß wird nicht glatt, sondern nur zum kleinsten Teil verbrannt, zum größeren Teil angesetzt als Eiweiß oder Fett (auch Glykogen).

Bei der ausschließlichen Eiweißkost steigt die Wärme um 40% bei Fett, um 14,5% bei Kohlehydraten, um 6,5% über den Hungerbedarf. Ein Organismus mit Eiweiß gefüttert kommt nur in ein Nahrungsgleichgewicht, wenn 40% mehr Wärme erzeugt werden, als im Hungerzustand usw. Reine Eiweißkost kommt beim Menschen gar nicht vor; die üblichen Nahrungsgemische enthalten nur 16% Eiweißkalorien. 20% enthält etwa die Kost des Wohlhabenden, noch eiweißreichere Gemische findet man gelegentlich bei stark vorwiegender Fleischkost.

Je nach dem Mischungsverhältnis wird Eiweiß und Fett abgelagert. Mit der Zunahme der Eiweißablagerung in die Zellen steigt der Nahrungsbedarf und die Zersetzung und das gleiche gilt für die Fettablagerung. Schließlich wird der vorherige Überschuß verbrannt, es besteht wieder ein Gleichgewicht der Einnahme und Ausgabe.

Diese unsere heutige Auffassung der Bedeutung des Eiweißes ist grundverschieden von der Annahme einer völlig wirkungslosen Mehrverbrennung. Es mag manchmal nicht direkt erforderlich sein, sich auf einen besseren Zellbestand zu bringen, und auch die Vermehrung der Wärmeproduktion bei reichlicher Eiweißzufuhr kann unbequem sein, z. B. im Sommer, aber man darf nicht vergessen, daß man in dem Eiweiß auch ein Mittel besitzt, um dem Körper wertvolle Eigenschaften zu verleihen.

Bei einem Überschuß an Fett und Kohlehydraten spielt die Mehrproduktion an Wärme eine untergeordnete Rolle, aber wird nicht aller Überschuß verbrannt, so kommt es zur Ablagerung von Fett, das manchmal ärztlich erwünscht ist oder sich allmählich zur Fettsucht steigert.

Es gibt also kein wirkungsloses Mehressen, denn in dem einen Fall ist die Zellmasse, in dem anderen die Fettmasse vermehrt worden. Derselbe Mensch kann also, allerdings mit verschiedenen Nahrungsmengen, in ein Stoffgleichgewicht kommen, aber nicht ohne daß er vorher wichtige V e r ä n d e r u n g e n seines K ö r - p e r s durchmacht. Daher werden wir bei der Frage der Nahrungsmenge zu dem ausschlaggebenden Problem geleitet: was ist die b e s t e   k ö r p e r l i c h e   B e s c h a f f e n h e i t des Menschen und welche sommatischen Eigenschaften sollen wir als „gesund" oder weniger gesund bezeichnen? eine Frage, auf die ich hier noch kurz eingehen will.

Nach meinen Untersuchungen am Hunde steigt und sinkt der E n e r g i e v e r b r a u c h mit dem N-Verlust und dem N-Gewinn der Tiere etwa in demselben Verhältnis. Der Eiweißreichtum des Körpers ist also ein Faktor, der für sich seinen Einfluß ausübt (Ges. d. Energieverbrauches, S. 304). Eine Veränderung des Fettansatzes ist von einer solch raschen Mehrzersetzung nicht gefolgt (l. c. S. 250), aber bei hochgradigem Fettreichtum, bei Fettsucht habe ich beim Menschen eine Steigerung des Energieverbrauchs gesehen, die etwa nach dem Gesetz der Oberflächenvergrößerung verläuft. Bei der Entfettung von der Stufe eines fettsüchtigen Körpers steigt pro Kilogramm der Energieverbrauch um eine bescheidene Größe, in der Regel sind die Abnahmen des

Fettgehalts mit solch großen Fettverlusten nicht zu vergleichen, und bei kleineren Schwankungen im Fettgehalt habe ich wenigstens in den Versuchen am Hunde keine Änderungen des Energieverbrauchs nachgewiesen.

Ganz beherrscht wird aber der Energieverbrauch, wie gesagt, von dem N-Gehalt in den Z e l l e n. Mehr oder weniger Vorrateiweiß ist gleichgültig für den Kalorienumsatz. Mit sinkendem N-Bestand der Tiere sinkt er bei gleichbleibender Ruhe proportional zu ersteren oder etwas rascher, letzteres tritt bei starker N-Einbuße auf.

Wenn man aber als Ruhezustand nur jenen Zustand auffaßt, wie er bei Ausschluß wesentlicher körperlicher Arbeit gegeben ist, so leiden durch N-Verlust herabgekommene Menschen an Körperschwäche und vermeiden Bewegungen, sitzen viel usw. Dann kommt als stoffwechselmindernd die R e d u k t i o n d i e s e r B e w e g u n g s a r b e i t hinzu. Bei einer Person, die von etwa 60 kg auf 43 kg herabgekommen war, hat V o i t (Die Kost usw., l. c. S. 18) fast während eines Jahres einen Konsum von nur 1356 kg/Kal. gesehen. Wenn man in minimo 4,2% der Kalorien als Kotverlust berechnet, so kommt man auf 1299 kg/Kal. = 30,2 kg/Kal. pro 1 kg (wobei noch der Einfluß der spezifisch dynamischen Wirkung der Nahrung nicht berechnet ist). Als die Person sich auf 57 kg erholt hatte, stieg der Kraftwechsel für die gleichen Verhältnisse berechnet auf 37 kg/Kal.

Mit Abnahme des Eiweißgehalts der Zellen kann also auch der Gesamtenergieverbrauch vermindert werden, in obigem Beispiel um 19%. Aus den oben entwickelten Tatsachen folgt noch außerdem: Wenn man zwei Personen g l e i c h e r Konstitution vergleicht, so verhält sich der Stoffwechsel wie die Oberfläche. Wenn aber infolge des Eiweißverlustes der Stoffwechsel sich ändert, fällt er wie der N-Verlust oder etwas rascher. Eine solche Person stimmt im Energieverbrauch nicht mit einer vollernährten überein.

Nimmt man die Größe 60 kg : 65 und 60 : 70, so nimmt der Stoffwechsel nach der Oberfläche zu wie 100 : 105 : 110,8, bei dem steigenden N-Gehalt aber wie . . 100 : 108 : 116,6, die Differenzen sind . . . . +3% +5,8%;

3

bei Mageren oder Abgemagerten ist umgekehrt der Kraftwechsel also kleiner als bei einer kleinen Person von gleichem Körpergewicht, die wohlgenährt ist. 10 kg Unterschied würden ein Sinken von 5,8% zuungunsten des Schlechtgenährten ausmachen, vielleicht aber mehr.

Ich bemerke, daß bei den Ernährungsversuchen von C h i t - t e n d e n und H i n d h e d e fast ausnahmslos ein mehr oder minder erheblicher Gewichtsverlust eingetreten ist, von dem allerdings nie entschieden wurde, ob es ein Verlust von Vorrateiweiß, Zelleiweiß oder Fett gewesen ist. In allen Fällen wurde aber dadurch nicht eine einfache Luxusnahrung aufgehoben, sondern eben das Körpergewicht und wohl auch Fettansatz herabgedrückt, letzterer wahrscheinlich noch mehr, als dem Gewichtsverlust entsprach.

Man kann d e m beistimmen, daß es in allen Klassen der Bevölkerung eine große Anzahl Leute gibt, die ein viel größeres „Fettpolster unterhalten", als irgend notwendig oder auch nur der Gesundheit förderlich ist. Die Gesundheitslehre hat immer darauf hingewirkt, die Menschen zur Erkenntnis zu bringen, einen überreichlichen Fettansatz zu vermeiden. In neuerer Zeit wird versucht, durch die öffentlichen Wagen einen erzieherischen Einfluß auszuüben, indem man das Normale, d. h. mittlere Gewicht der betreffenden Größe für den Menschen an den Wagen verzeichnet.

Die Tatsache des vermehrten Nahrungskonsums bei fetten Personen habe i c h zuerst experimentell festgestellt (Ernährung im Knabenalter. Berlin 1902).

Die Beziehung des überreichlichen Fettpolsters zur Arbeitsleistung — also auch für den Sport — ist durch die Untersuchungen meines Laboratoriums zuerst genau umgrenzt worden, und ebenso sind die Nachteile des Fettpolsters in klimatischer Hinsicht experimentell untersucht (Archiv f. Hyg. 1900, Bd. 38 S. 120 u. 148 u. S. 93; ebenda 1901, Bd. 39 S. 298).

Aus diesen Untersuchungen ergab sich, wie außerordentlich günstig die körperlichen Veränderungen der Entfettung auf alle Möglichkeiten der Arbeitsleistung einwirken. Jede Kostart also, welche in geeigneten Fällen Entfettung herbeiführt, leistet die gleichen Dienste; das ist nicht etwa nur durch e i n System zu erreichen, sondern auf den verschiedenartigsten Wegen.

Was ein günstiger Fettreichtum des Körpers ist, wissen wir überhaupt nicht genau. Aber ich kann wenigstens sagen, wo die Grenze des Fettgehalts zu gering wird. Allerdings stehen mir nur Tierversuche zu Gebote, aber da doch die Ernährungsgesetze bei den Säugern so übereinstimmende sind, wird auch beim Menschen ein gleichartiges Verhältnis angenommen werden können.

Je magerer ein Organismus wird, um so mehr beteiligt sich von einer gewissen Grenze ab beim Hunger das Eiweiß an der Verbrennung (Ges. d. Energieverbrauchs, S. 294).

Ich habe einen Hund auf einen verschiedenen Fettgehalt gebracht.

Beim fetten Tier beteiligte sich das Eiweiß an der Verbrennung mit 6,05%
„ mageren Zustand mit 14,38%
„ sehr mageren Zustand mit 16,66%

Am Kaninchen habe ich folgende Beziehungen gefunden:

Das Eiweiß beteiligt sich an der Verbrennung bei

5 % Fett des Tieres (Lebensgewicht) zu 9%
4 %   „   „   „   „   „ 12%
3 %   „   „   „   „   „ 16%
2 %   „   „   „   „   „ 21%
1 %   „   „   „   „   „ 65%
0,5%   „   „   „   „   „ 85%

Nur die Kohlehydrate scheinen dieses Ansteigen des N-Verbrauchs bei Leuten mit geringem Fettbestand verhindern zu können (K a u f m a n n , Zeitschr. f. Biol. 1901, Bd. 41 S. 75). Fett als alleiniges N-freies Nahrungsmittel scheint eine Einschränkung der Eiweißzersetzung unter diesen Umständen in nennenswertem Maße nicht hervorzurufen. Für die menschliche Kost, in der die Kohlehydrate noch in Mengen vorhanden sind, wie etwa in der Milch, würden, solange ausreichende Nahrung vorhanden ist, eine Steigerung des Eiweißverbrauchs auch bei mageren Individuen nicht zu befürchten sein.

Besonders gefahrdrohend wird der N-Verlust vom Körper bei einem herabgekommenen Körper mit r e l a t i v e m F e t t -

s c h w u n d oder überhaupt bei den mageren, jugendlichen Personen.

Wenn man auf einem N-Minimum lebt oder diesem nahe ist, und es fehlt aus irgendeinem Grunde an N-freiem Nährmaterial, so steigt auch dann der N-Verlust vom Körper, und eine vorher bestehende Bilanz wird negativ.

Das scheint auf den ersten Blick unverständlich, erklärt sich aber leicht durch folgende Überlegung:

Wenn wir uns den N-freien Kostanteil ganz wegdenken, so muß das Körperfett den Eiweißschutz leisten, es kann aber diese Funktion nur unvollkommen zuwege bringen, wenn es sich, wie angenommen, um eine sehr magere Person handelt. Wenn man nur halb so viel N-freie Nahrung bietet als nötig, so reicht eben die Kost auch nur für die halbe Tageszeit hin und im übrigen muß das Körperfett eintreten. Wir haben also tatsächlich beim stark Abgemagerten zwar die Möglichkeit, ihn mit Kohlehydraten und Fett auf einen niederen Eiweißkonsum zu bringen, aber jeder mehr oder minder große Mangel an N-freien Stoffen bzw. Kohlehydrat steigert dann auch den Eiweißverlust und dieser ist unter solchen Umständen e c h t e r O r g a n v e r l u s t. Eine plötzliche Steigerung des Verbrauchs von N-freien Stoffen durch angestrengte Arbeit muß den gleichen Effekt haben, wie die Verminderung der Zufuhr N-freier Stoffe überhaupt.

Es ist eine wohlbekannte Tatsache, daß eine niedrige Eiweißzufuhr in der Kost immer in praktischen Fällen mit einem schlechten Körperbestande bei freier Wahl der Nahrung zusammenfällt; das wurde schon oben erwähnt. Bei schlechter sozialer Lage kommt es 'häufig genug vor, daß Tage mit ausreichender Kost mit solchen von quantitativ ungenügender Kost wechseln, Zustände, die bei geringer N-Zufuhr überhaupt zu weitergehenden und bedrohlichen N-Verlusten führen.

Durch eine z i e l b e w u ß t e Entfettung und Verringerung des Körpergewichts läßt sich viel an Nahrung dauernd sparen und außerdem die Fähigkeit der Arbeitsleistung heben (Näheres s. R u b n e r , Ernährung im Knabenalter. Berlin 1902. Ferner Archiv f. Hyg., Bd. 38 S. 93 u. 120).

Ganz entgegengesetzt also wie ein mäßiger Fettverlust ist der Verlust der Körperzellen an Eiweiß zu beurteilen; dieser setzt die Leistungsfähigkeit der Organismen herab. Rasch treten solche Verluste bei Hunger, langsam bei teilweise ungenügender Eiweißzufuhr ein. Der beste N-Bestand des Körpers wird erreicht durch gute Ernährung und durch Muskelarbeit, weil letzterer zur Hypertrophie der Muskeln Veranlassung gibt.

Ein gewisses Maß der Steigerung der Muskelmasse durch Trainieren ist vielleicht auch bei d e n Zellen zu erreichen, die bereits einen Teil ihrer Eiweißmasse verloren haben; wenigstens sprechen dafür einige Erfahrungen.

Man darf den Hungerzustand nicht in allen seinen Wirkungen dem Zustand eines N-Minimums gleichstellen. Im Hunger mangelt es eigentlich nirgendwo für wichtige Zellgebiete an Eiweiß, wenigstens nicht in der ersten Zeit, denn es wird ja sehr viel eingeschmolzen, im N-Minimum dagegen ist für alle Bedürfnisse nur das Nötigste vorhanden. Wir müßten da vor allem an die Gefahren für die Blutneubildung denken, das Blut ist das Organ, das dauernd des Wiederersatzes bedarf, weil es fortwährend zerstört wird. Soweit man aus der allgemeinen Erfahrung ein Urteil fällen darf, ist ein charakteristisches Zeichen aller Unterernährten ihre schlechte, bleiche Hautfarbe, die offenbar auf relative Blutarmut zurückzuführen ist.

Es ist den Pathologen und Klinikern schon lange bekannt, daß u n g e n ü g e n d e E r n ä h r u n g, namentlich bei arbeitenden Individuen, zur Anämie führt. E. G r a w i t z (Berl. klin. Wochenschr. 1895, Nr. 48) hat darüber eingehende Versuche angestellt, indem er Menschen eiweißarme und kalorisch ungenügende Kost aufnehmen ließ. Wird die Nahrung verbessert, so schwinden auch die anämischen Zustände wieder.

Beim Hunger nimmt die Blutmasse als Ganzes ab, der relative Hämoglobingehalt bleibt erhalten (P a n u m, Virchows Archiv Bd. 29 S. 241; S u b o t i n, Zeitschr. f. Biol., Bd. 7, und L u c i a n i Das Hungern, Leipzig 1890). Wird dann wieder Nahrung aufgenommen, so kommt es jetzt zur Anämie, die sich erst allmäh-

lich wieder beheben läßt (G r a w i t z , Klin. Path. des Blutes,
S. 237).

Jede Abnahme des Eiweißbestandes der Zellmasse führt zur
Abnahme der Blutmenge, bei höheren Graden dieser Vorgänge
muß selbstverständlich, da die Hautoberfläche dieselbe bleibt,
vor allem die Durchblutung dieser leiden, vielleicht ist schon auf
diesen Umstand allein die Blässe der Haut und Schleimhäute
zurückzuführen; auch das auffallend leichte Schwitzen solcher
Personen hängt möglicherweise damit zusammen, daß die sinkende
Blutmasse den wärmeregulatorischen Funktionen der Haut im
Sinne einer trocknen Entwärmung durch einfache Blutverschie-
bung nicht mehr gewachsen ist.

Die Einbuße an Körpereiweiß spart zwar auch an Nahrungs-
aufwand, weil der Körper untergewichtig wird; er wird dadurch
keineswegs gebrauchsunfähig, wohl aber sinkt die absolute Muskelleistung.

Beim Menschen kennen wir manche beachtenswerte Veränderung auf psychischem Gebiete bei Unterernährung. Gefühl der
Schwäche und Leistungsunfähigkeit, gereizte Stimmungen, ferner
findet man leichtes Schwitzen bei geringen Anstrengungen, sicht-
baren Blutmangel, Neigung zu muskulärer Untätigkeit überhaupt.
Hand in Hand damit geht eine Abnahme des Energieverbrauchs.

Wenn man die in der Literatur aufgeführten Fälle niedrigen
Eiweißkonsums betrachtet, so zeigt sich in der ganz überwiegenden
Mehrzahl der Fälle, daß an Stelle von Brot und anderen Vege-
tabilien die Kartoffel hauptsächlich in den Vordergrund tritt.

Bei einer solchen kohlehydratreichen Kost ist schon bei den
von V o i t ausgeführten älteren Tierversuchen bekannt geworden,
daß dabei der Organismus wasserreicher wird. Man hat dieselben
Erfahrungen bei der früheren eiweißarmen und vegetabilienreichen
Zuchthauskost gemacht. Auch bei den Versuchen über das physiologische N-Minimum ist Dr. T h o m a s der Wasseransatz auf-
gefallen, der sich jedesmal bei Beginn einer solchen Periode wieder-
holte und erst beim Wechsel der Kost wieder verschwand. Wir
wissen auch heute noch nicht genau, an welchen Stellen dieses
Wasser Verwendung findet; ob mehr im Muskel oder mehr im

Unterhautzellgewebe. Da es aber besonders bei schlecht genährten Individuen mit überwiegender Pflanzenkost auftritt, so haben wir allen Grund, die Erscheinungen nicht zu den gesundheitsförderlichen zu rechnen. Ich möchte diese Tatsachen hier noch besonders betonen, damit man beachtet, wie wenig man einfachen Gewichtsbestimmungen des Körpers bei Wechsel der Lebensweise Bedeutung beilegen kann.

Der Eiweißbedarf im physiologischen Minimum ist insofern kein konstanter, als er von dem Ernährungszustand des Organismus überhaupt abhängig ist.

Nach starker Reduktion der Eiweißmasse des Körpers kommen Tiere mit kleineren Eiweißmengen ins Gleichgewicht als in gut genährtem Zustand (R u b n e r , Das Problem der Lebensdauer 1908, S. 47). Dieser Vorgang kommt namentlich mit Bezug auf die Fütterung in Betracht, insofern als der Mindesteiweißbedarf davon abhängig ist.

Ob bei den Menschen sich bei Verminderung des Eiweißbestandes eine Labilität der Körpertemperatur ausbildet, wie man sie bei Tieren beobachten kann, ist nicht genügend sichergestellt.

Könnte man den Ernährungszustand beim Menschen in eine physiologisch meßbare Form bringen? Einiges ließe sich schon zahlenmäßig aussagen, wenn Körpergröße und Körpergewicht gegeben sind.

In diesem Fall kann man allerdings einen fetten und muskulösen Menschen nicht unterscheiden, es sei denn durch das bloße Urteil über die allgemeine Beschaffenheit. Es gibt jedoch noch die weitere Möglichkeit einer Entscheidung durch die Untersuchung des Eiweißverbrauchs im Hunger, eine Methode, auf welche von E. V o i t hingewiesen worden ist. Zwischen Fettgehalt und prozentiger Beteiligung des Eiweißes an der Verbrennung im Hungerzustand besteht eine ganz enge Beziehung (s. o.).

Das wäre das Wichtigste, was sich über den körperlichen Zustand zur Ernährung sagen läßt. Im allgemeinen sinkt also bei den untergewichtigen Personen der Nahrungsbedarf und auch der Eiweißbedarf stärker als der Gewichtsreduktion entspricht.

Daher sind die Vergleiche mit Vollgenährten pro Kilogramm berechnet nicht ganz zutreffend, sondern liefern kleinere Werte.

Dieser Körperzustand ist aber, wie eben dargelegt wurde, nicht, weil er gewissermaßen billiger im Betrieb ist, der erwünschte, sondern von sanitären Zustand aus zu widerraten. Es ist eine praktische und statistische Erfahrung der Lebensversicherungs- anstalten, daß die Mortalitätswahrscheinlichkeit der „Unterge- wichtigen" für Tuberkulose als eine sehr große zu betrachten ist.

Als einen Beleg für den Luxusverbrauch der Nahrung führt C h i t t e n d e n den Nahrungskonsum von Soldaten an, die in der gewöhnlichen Verpflegung der Armee standen, und denen erlaubt worden war, die Nahrungsmenge nach Belieben zu über- schreiten. Davon machten sie auch, wie man aus dem von C h i t - t e n d e n aufgeführten Speisezettel liest, ausgiebigen Gebrauch, denn da werden im Tag nicht weniger als 710 g Beefsteak, Rost- beaf und Pökelfleisch aufgeführt, 690 g Kartoffeln, 630 g Brot, 75 g Zucker und einiges andere.

Fett wird dabei nicht erwähnt. Die Fleischmenge allein würde nach den mittleren Analysenwerten 1704 g frischen Fleisches entsprechen.

Ich glaube zu wissen, was ein Fleischkonsum von 1704 g im Tag ist. Ich habe im Alter von 22 Jahren solche Versuche mit ausschließlicher Fleischkost an mir selbst gemacht und nur mit Mühe es wegen der großen Kauarbeit drei Tage lang nach- einander auf 1435 g täglich gebracht. Solche Fleischmengen sind allerdings nicht für die militärische Kost geeignet, denn ich habe schon damals auf das intensive Müdigkeitsgefühl nach den Mahl- zeiten aufmerksam gemacht. Ich habe es auf die Einwirkung der reichlichen „Zersetzungs- und Ausscheidungsprodukte" zurück- geführt; ich hatte eine tägliche Ausscheidung von über 100 g Harnstoff. Die Soldaten C h i t t e n d e n s haben aber nicht nur 1435 g Fleisch täglich, sondern 1704 g und noch außerdem 690 g Kartoffeln und 630 g Brot und 75 g Zucker und einiges andere gegessen. Man könnte eine solche Fleischvertilgungskraft fast bewundern. Alles in allem haben die Soldaten etwa 4000 kg/Kal. (brutto) verbraucht. Wäre das an sich für einen Mann, der stark arbeitet, etwa ein unmöglicher Umsatz? Durchaus nicht. Auffallend ist dabei nur der hohe Fleischkonsum, der den üblichen Satz von 230 g im Tag um das Siebenfache überschreitet. Was sagt das aber für eine glatte Mehrverbrennung? Gar nichts, denn die Leute sind nicht auf ihren respiratorischen Gaswechsel untersucht worden; also kann auch nicht behauptet werden, sie hätten ein Übermaß von Stoffen einfach verbraucht, sie müssen stark Eiweiß angesetzt haben und wahrscheinlich auch Fett.

Wenn die Leute all das verzehrt haben, was oben angegeben ist, so besagt die bloße Feststellung des Körpergewichts noch nichts darüber aus, was wirklich im Stoffwechsel vor sich gegangen ist. Später sollen dieselben Soldaten mit nur 2500 Kal. statt obiger 4000 ausgekommen sein, sie hätten also einen 60% höheren Energiewechsel gehabt, bloß weil sie mehr gegessen haben. Das ist, gelinde gesagt, eine Unmöglichkeit, denn wenn sie auch nur Fleisch allein gegessen hätten, wäre nach meinen Untersuchungen der Kraftwechsel erst um 40% in die Höhe gegangen, sie mögen aber schätzungsweise nur 50% der Kalorien in Eiweiß aufgenommen haben, also auch keine allzu große Steigerung des Kraftwechsels gehabt haben, alles unter der Voraussetzung, daß sie später wirklich nur 2500 kg/Kal. gebraucht haben, was ganz unwahrscheinlich ist.

Die wirkliche Sachlage war vermutlich folgende: Die Kost hatte annähernd 50% Eiweißkalorien und 50% Fett- und Kohlehydratkalorien. Die Leute sind also, nach der spezifischen dynamischen Wirkung beurteilt, mit etwa 29% Wärmeüberschuß ins Gleichgewicht gekommen, während eine gewöhnliche gemischte Kost hochgerechnet 8—10% beansprucht. Bei einer zweckmäßigen Nahrungsmischung hätten sie (129 : 109 = 100 : 84,5) nur 4000 × 0,845 = 3380 kg/Kal. gebraucht. Wenn ein Soldat im Frieden nach unseren Verhältnissen etwa 3100 Kal. braucht, haben die Soldaten Chittendens zweifellos etwas Eiweiß angesetzt, doch wahrscheinlich noch mehr Fett. Entspräche der Fettansatz der Differenz 3380 — 3100 = 280 kg/Kal. täglich, so waren dies gerade 30 g Fett täglich. Soviel Fett konnten sie recht gut ansetzen, ohne daß man es auch in längerem Versuch durch einfache

Gewichtsbestimmungen hätte finden müssen. Das von C h i t - t e n d e n gegebene Beispiel beweist also nichts, die anscheinend nutzlose Verbrennung erklärt sich in einfachster Weise.

V.

So kommt also C h i t t e n d e n zu dem Ziel möglichst wenig Nahrung, damit keine überflüssige Verbrennung eintritt.

Der zweite Teil der Reform bezieht sich auf die weitgehendste Erniedrigung der Eiweißzufuhr. C h i t t e n d e n hat in seiner Kost aus Gründen rein persönlicher Natur die Eiweißstoffe sehr eingeschränkt und ist von einer N-Ausscheidung im Harn von 16 g täglich auf 5,82 g heruntergegangen. Dazu hätte man (höchstens) etwa 2 g N in fester Ausscheidung und approximativ Verlust in Schweiß wohl kaum mehr als 0,84 N zu zählen, man käme also rund auf 8,0 g N pro Tag = rd. 50 g Eiweißsubstanz für ein erheblich unter 70 kg liegendes Körpergewicht = 57 kg, das wäre pro 70 kg ungefähr 61 g Eiweiß. Wenn C h i t t e n d e n vor seiner reduzierten Kost 65 kg wog und etwa, wie er angibt, an 120 g Eiweiß täglich verzehrte, so trafen auf 70 kg 129—130 g Eiweiß, was für einen Mann seiner Beschäftigungsweise ü b e r die mittlere Annahme von V o i t hinausgeht. Bei gut resorbierbarer gemischter Kost kann man nach meinen Erfahrungen mit Eiweißmengen zwischen 90—100 g ganz gut auskommen.

Ist nur dieser niedrige Eiweißverbrauch bei C h i t t e n d e n wirklich ein uns bislang unbekannter Vorgang? Die Frage nach dem kleinsten Eiweißverbrauch, die ich oben schon von einem anderen Gesichtspunkt aus behandelt habe, war schon Jahrzehnte vor C h i t t e n d e n bearbeitet worden und stellte in den Ergebnissen lange Zeit ungefähr das konfuseste Kapitel der Ernährungslehre dar, bis die Lösung des Problems gelang. Von den zahllosen Studien über den Eiweißbedarf war nur der allerkleinste Teil durch genaue N-Bestimmungen in Aufnahme und Ausgabe kontrolliert worden, zumeist war nur die Kost gewogen und nach Mittelwerten die Eiweißzufuhr berechnet worden, weder Gewicht der Personen noch die Art der Nahrungsmittel, Zubereitung der

Speisen war beachtet worden, und neben Einzelbeobachtungen
figurierten noch unsicherere Werte „über Familienkonsum“.

Eine große, aber keineswegs erschöpfende Zusammenstellung
der zahlreichen Angaben verschiedener Art findet sich für die
Literatur bis 1902 bei O. N e u m a n n , Archiv f. Hyg., Bd. 65
S. 10 ff. Ein Gesamtmittel aus diesen bunten Zahlen zu berechnen, bietet natürlich kein Interesse. Es kann uns nicht wunder-
nehmen, daß große Verschiedenheiten auftreten. Neben Fällen
von 17—20 g Eiweiß pro Tag findet man Zahlen bis 188 g pro
70 kg und Tag.

C h i t t e n d e n ist keineswegs der erste, welcher mit wenig
Eiweiß eine Ernährung durchgeführt hat, das wird von ihm selbst
auch nicht behauptet; S i v é n und L a n d e r g r e e n sind schon
1900 auf einen N-Verbrauch (pro Tag und 70 kg) von 4—5 g
(im Harn) herabgekommen, wenn schon ihre Versuche ja nicht
eben lange fortgeführt wurden. 1902 hat O. N e u m a n n einen
z w e i j ä h r i g e n Versuch mit etwa 69, 74, 79,5 g Eiweißverbrauch pro 70 kg (Harn + Kotstickstoff berechnet) ausgeführt.
C h i t t e n d e n s Versuche bringen also nur das e i n e N e u e ,
daß er diese Experimente S i v é n s , N e u m a n n s u. a. an
m e h r e r e n Personen ausgeführt hat, wobei sich der Eiweißverbrauch um 54—83 g pro Tag bewegte, und daß auch arbeitende
Personen mit in die Experimente einbezogen worden sind. Was
die Versuche im einzelnen lehren, besprechen wir später. Man
könnte nun mit Recht vermuten, auch C h i t t e n d e n s Werte
seien zu hoch, denn S i v é n , L a n d e r g r e e n u. a. haben noch
weniger verbraucht. Wo ist da ein Ende zu finden? Ich habe
die Erklärung dieser Verhältnisse an anderer Stelle gegeben (s. auch
oben S. 27). Ich füge hier nur noch an, was für die Deutung
von C h i t t e n d e n s Versuche nötig ist.

Man erreicht mit vielen Nahrungsmitteln, namentlich animali-
schen, ein N-Gleichgewicht auf der B a s i s d e r A b n u t z u n g s -
q u o t e , und es ist zwischen Säugling und Erwachsenen kein
Unterschied. Dieses Minimum hat Dr. T h o m a s leicht erreichen
können (Archiv f. Physiol. 1910, S. 249), es beträgt 25—30 g
Eiweißumsatz pro Tag. Er hat aber in weiterer Ausführung

meiner Angaben gezeigt, daß die Höhe des Minimums ganz von
der Art des gefütterten Eiweißes abhängig ist und drei- und viermal höher werden kann, wenn man bestimmte Nahrungsweisen
wählt (Archiv f. Physiol. 1909, S. 219).

Mittel zu einem tiefliegenden Minimum sind Animalien in
fraktionierter Dosis, Kartoffeln, Reis, von Broteiweiß muß man
fast dreimal, von Mais fast viermal so viel reichen, um ein „Minimum" zu erhalten. Um es an einem konkreten Beispiel zu zeigen:
war das N-Minimum bei Kartoffeln 6,27 g N pro Tag, bei Weizenmehl aber 15,35 g N (T h o m a s , l. c. S. 226). Meine Zahlen
waren für die Kartoffeln 7,7 g N, für Brot 15,2 g N (s. auch oben
S. 27).

Wenn man aber weiter erwägt, daß die einzelnen Nahrungsmittel auch noch eine sehr verschiedene Ausnutzung zeigen,
d. h. wenn man erwägt, daß ein Gleichgewicht nur erreicht wird,
wenn man die N-Ausscheidungen im Kot eingehend berücksich-
tigt, so sind die möglichen Minima noch verschiedener als oben
angenommen. Bei manchen Brotsorten, wie solche aus ganzen
Korn- oder Schwarzbrot, wären noch 2,8—3,3 g N zuzuzählen,
und man käme auf einen Minimalbedarf von 18,8 und 18,6 g N[1]).

---

[1]) H i n d h e d e sucht in einer tendenziösen Darstellung den
Lesern beizubringen, daß meine Auffassung über die Ausnutzung gewissermaßen die Vegetabilien in Verruf erkläre. Er stützt sich dabei auf die
Ergebnisse der Ausnutzungsversuche, die ich in meiner Dissertation 1879
mitgeteilt habe, und m i ß v e r s t e h t meine Auffassung über die Resorption des pflanzlichen Eiweißes v o l l s t ä n d i g . Aber davon abgesehen,
erregt er sich namentlich über einen Versuch mit 3078 g frischen Kartoffeln
= 3011 kg/Kal., bei dem geprüft werden sollte, ob ein kräftiger Mann mit
einem reichlichen Kalorienbedürfnis, d. h. dem eines schweren Arbeiters,
auskommen könne. In seiner gewählten Ausdrucksweise nennt H i n d h e d e
das „Fressen" und bemerkt nicht, daß eine solche Nahrungsaufnahme gar
nichts Außergewöhnliches ist, und daß mit Brot oder Kuchen analoge Experimente mit sehr günstiger Ausnutzung von mir ausgeführt sind (Zeitschr.
f. Biol. 1879, S. 192). Im übrigen hätte H i n d h e d e , wenn er gewollt
hätte, an mehreren Stellen meiner Publikationen ganz andere Meinungen,
als er sie mir zuschiebt, finden können und nach allgemeinem wissenschaftlichen Brauch auch zitieren müssen. So sage ich z. B. (Arch. f. Hyg. 1902,
Bd. 62 S. 279): „Die animalische Nahrung nimmt also, was die Kräfte-
verwertung im Organismus anlangt, keineswegs eine hervorragend günstige
Stellung ein." „Geradezu am günstigsten in der Verwertung der einge-

Von dem Moment ab, in welchem die einzelnen Autoren beginnen, ihre Kostformen wechselnd zu gestalten, beginnt auch das Paradoxe der Resultate. Im allgemeinen gibt die Ernährung mit leicht resorbierbaren Animalien die niedersten Werte des N-Minimums. In der Tat sieht man, daß alle Beobachter mit sehr niedrigem Eiweißkonsum, das Brot ganz vermieden oder stark eingeschränkt und durch Kartoffeln u. dgl. ersetzt, statt Schwarzbrot Weißbrot gegeben haben, an Stelle von Fleischspeisen Fleisch in fraktionierter Dose (Brötchen) oder Milch u. dgl. verzehrt haben.

Wenn man vorläufig den unbewiesenen Satz gelten lassen will, daß den Menschen nur erlaubt sei, bei einem N-Minimum zu leben, während die Säuger es im allgemeinen nicht tun, so müßte man folgerichtig für jede Kostform ausrechnen, wie sie zusammengesetzt sein soll, damit sie einem Minimum entspricht. Das ist gelinde gesagt eine Unmöglichkeit.

Wir wissen also, was Untersuchungen, welche ein bestimmtes Menu einführen, uns lehren können; wir erfahren für dieses, aber noch n i c h t f ü r e i n a n d e r e s das Eiweißminimum. Unter diesem Gesichtspunkt sind also auch die Experimente C h i t t e n d e n s zu beurteilen, als ein Ergebnis für seine b e - s t i m m t e Ernährungsweise, soweit es sich um die Eiweisfrage handelt. Die Angaben V o i t s können also nicht nach den Befunden C h i t t e n d e n s korrigiert und verbessert werden, denn beide Ernährungsformen sind voneinander grundverschieden.

Wir müssen aber nunmehr die Frage wieder aufnehmen, warum wir denn auf einem N-Minimum leben müssen? Ich denke, bis jetzt hat noch niemand diese Frage erörtert, studiert oder

---

führten Spannkraft war die Kartoffel. Es ist also durchaus nicht angebracht, immer von der Minderwertigkeit der pflanzlichen Nahrungsmittel für die Ernährung zu sprechen; unter dem Kraftmaterial, welches die Natur bietet, sind die Vegetabilien unzweifelhaft sehr wertvolle Substanzen."

Vielleicht findet Herr H i n d h e d e in einem Artikel ,,Die Bedeutung von Gemüse und Obst in der Ernährung" 1905, Hyg. Rundschau Nr. 16, einige weitere Anhaltspunkte für meine Auffassung des Wertes der Vegetabilien, die ihn belehren werden, wie unrichtig er aus Unkenntnis der Literatur meine Anschauungen wiedergegeben hat.

gelöst. Nur eins kann ich aus unseren Versuchen sagen, daß sich bei unseren Experimenten manchmal überhaupt Schwierigkeiten ergeben haben, auf diesem Minimum zu bleiben, und daß ein allmähliches Steigen des N-Verbrauchs manchmal nicht auszuschließen war. Ob hier Veränderungen im Salzstoffwechsel oder ähnliches mitgespielt haben, ist noch nicht untersucht und aufgeklärt.

Vielleicht ist es doch immer noch wichtig, an Versuche von J. M u n k (Archiv f. Physiol. 1891, S. 338, und Archiv f. pathol. Anat. 1893 und R o s e n h e i m , Archiv f. Physiol. 1891 und Pflügers Archiv 1893) zu erinnern, die nach längerer Zeit bei Hunden nach etwa zwei Monaten, obschon die Tiere mit N-armer Kost im Gleichgewicht waren, schwere Gesundheitsstörungen gesehen haben.

Man hat über die Notwendigkeit eines N-Minimums zwei Gesichtspunkte bisher in den Vordergrund gestellt, einmal die ökonomische Frage und dann eine hygienische Frage. Die erste spielt kaum eine Rolle, denn man könnte ja auch billige Nahrungsgemische herstellen, welche mehr Eiweiß als ein Minimum enthalten. C h i t t e n d e n und H i n d h e d e halten aber eine Überschreitung des Minimums offenbar für etwas Ungesundes. Was geschieht mit dem Eiweiß, das über die Grenze des Minimums eingeführt wird? Das ist einfach gesagt: es wird verbrannt und dafür weniger Kohlehydrate und Fett beansprucht.

Dies bedingt in der funktionellen Leistung nur die e i n e Änderung, daß durch die spezifisch dynamische Wirkung die Wärmebildung etwas steigen wird. Dieses Eiweiß kann vermehrt und vermindert werden unter Bildung von Vorrats- und Übergangseiweiß (R u b n e r , Arch. f. Physiol. 1911). In der Art der Zerlegung ist insofern kein Unterschied zwischen Eiweißverbrauch im Minimum und dem dynamischen Anteil, als beide annähernd in dieselben Endprodukte zerlegt werden. Dort, wo eine spezifische Wärmewirkung des Eiweißes stören könnte, läßt sich diese Wirkung leicht vermeiden, im übrigen kann diese Eigenschaft unter Umständen, wie in rauhen Klimaten, auch als etwas Nutzbringendes angesehen werden.

Alle gelegentlich auftretenden N-Verluste der Zelle durch Krankheiten, vorübergehender Nahrungsmangel, Eiweißzusetzung durch überanstrengende Muskelarbeit, gestörte Resorption, lassen sich durch den dynamischen Anteil des Eiweißes in der Kost aber schnell ersetzen, und um so rascher, je eiweißreicher bis zu einer gewissen Grenze die Nahrung an Eiweiß ist (Das Problem der Lebensdauer, S. 58).

Die Eiweißstoffe sind die notwendige Voraussetzung des Wachstums. Die Menge des umgesetzten Eiweißes ist bei den einzelnen Tieren ungemein verschieden; die Eiweißzersetzung ist bei den Neugebornen (abgesehen vom Wachstum) pro Kilogramm dreimal so hoch wie beim Erwachsenen. In einer neugeborenen Maus ist der Eiweißstrom täglich z w a n z i g m a l s o g r o ß wie bei einem erwachsenen Menschen. Nehmen wir bei letzterem einen niedrigen Konsum von 60 g Eiweiß = 0,86 g pro Kilogramm, so setzt die Maus über 17 g Eiweiß pro Kilogramm um.

Man müßte also, wenn C h i t t e n d e n s Annahme richtig wäre, annehmen, daß das Protoplasma bei uns 20 mal so leicht durch Eiweiß geschädigt würde als bei den kleinsten Säugern.

Dem Eiweiß an sich kommt also ebensowenig eine Giftigkeit zu wie den Kohlehydraten und den Fetten, denn der Körper kann im Hungerzustand vom Eiweiß seines Körpers sozusagen ausschließlich leben, auch wenn ein Säuger in seinem Leben niemals in die Lage kommt, in der Nahrung jemals soviel Eiweiß aufzunehmen, als zur vollen Eiweißernährung notwendig ist. Auch der typische Pflanzenfresser wird so im Hunger zum exquisiten Fleischfresser.

Die Kohlehydrate sind an sich keine schädlichen Substanzen, sie werden es aber auf der Grundlage einer diabetischen Erkrankung und das Eiweiß wird unter Umständen nachteilig, wenn die gichtische Grundlage vorhanden ist, aus dem Fett entstehen giftige Stoffe, wenn alle Kohlehydrate in der Nahrung fehlen. Die Argumente, welche H i n d h e d e anruft, um in dem Eiweißgenuß etwas Schädliches zu sehen, sind mehr als problematischer Art. Er hat „das Gefühl“ der Schwachheit gehabt, wenn er viel Fleisch gegessen hatte, und ein anderer Beobachter will bei Eiweiß-

armut das Gefühl gesteigerter Muskelkraft gehabt haben. Das sind
natürlich Meinungssachen, auf die nicht das geringste Gewicht
zu legen ist. H i n d h e d e berührt die Eiweißversuche, die
R a n c k e und ich mit großen Fleischmengen ausgeführt haben.
Wir hatten das Gefühl einer ausgesprochenen Müdigkeit in den
Beinen, und zwar nur einige Zeit nach der Mahlzeit. Ich habe aber
nicht 60 oder 120, sondern 338 g Eiweiß am Tag mit 51 g N verzehrt und 109 g Harnstoff ausgeschieden.

H i n d h e d e meint, wenn 30—60 g Eiweiß genügen, so
wäre es nicht verwunderlich, „daß es die Kräfte angreift, mit
125—150 g zu wirtschaften". Mir ist es heute am wahrschein-
lichsten, daß die ganzen Erscheinungen, die ich beobachtet habe,
sich auf eine akute Wasserentziehung zurückführen lassen, da
einerseits die Wärmebildung nach der Mahlzeit stark steigt und
viel Wasserdampf abgegeben wird, besonders im Juni und Juli,
als ich das Experiment machte, und weil es außerdem kein Material
gibt, das so wasserentziehend wirkt als eben Eiweißstoffe überhaupt (Archiv f. Hyg., Bd. 38 S. 155, Sitzungsber. d. preuß.
Akademie 1910, S. 316). Ich bin sicher, daß man bei gewohnheits-
mäßigem hohen Fleischkonsum über alle solche Erscheinungen
hinwegkommt, doch ist das nebensächlich. Ich habe mich aber
stets gegen einen überflüssigen Eiweiß- und Fleischkonsum, auch
in jüngster Zeit, ausgesprochen, da jede einseitige Ernährung in
unserer Kost vermieden werden soll.

Darunter verstehe ich aber einen Konsum, der bei den Nichtarbeitenden über die 120 g noch erheblich hinausgeht. Wenn ein
kräftiger Arbeiter von allen Speisen größere Portionen ißt und
dabei auf einen hohen Eiweißkonsum kommt, so wird ihm das
sicherlich keinen Schaden bringen, wenigstens haben wir nicht
die geringsten Anhaltspunkte dafür. In der durchschnittlichen
Kost der Großstädte (vom Lande haben wir keine geeignete
Statistik) ist stets mehr Eiweiß vorhanden, als etwa einem Minimal-
verbrauch im Sinne H i n d h e d e s oder C h i t t e n d e n s entspricht (s. o. S. 30).

Speziell bei Kindern zeigt sich, daß die einseitige Kost von
Fleisch und Eiweiß, wie sie in vornehmen Familien gehandhabt

wird, besser durch eine gemischte milchreiche Kost ersetzt wird. Ich bin der festen Überzeugung, daß ein großer Teil derer, die von der Schädlichkeit des Eiweißes in der Kost der Erwachsenen überzeugt sind, nicht im entferntesten wissen, wieviel sie selbst verzehren. Das Eiweiß ist nicht auf der Welt, um die Bilanz eines Minimums zu decken, sondern ein Nahrungsstoff, der auch für Fett und Kohlehydrate eintreten kann. Ein Giftstoff ist es nicht, und nach H i n d h e d e wäre es schädlicher als Alkohol. Denn er betrachtet einen Eiweißumsatz von 120 g, also 60 g mehr, als er selbst zugestehen will, als nachteilig.

Da die Eiweißstoffe ganz verschieden in der Konstitution, so müßte man noch fragen, welches denn die bedenklichsten sind. Vielleicht schon das Schwarzbrot, indem man täglich 94 g Eiweiß zuführen muß, um ein „Minimum" zu erreichen. Man sieht, zu welch ungereimten Konsequenzen die durch nichts begründeten Behauptungen H i n d h e d e s und C h i t t e n d e n s von der Schädlichkeit des Eiweißes führen. Die tägliche Ration des Eiweißes in der Kost der großen Masse liegt überall weit über einem physiologischen N-Minimum.

Ich habe schon an anderer Stelle näher auseinandergesetzt, warum wir Regeln für die Ernährung der großen Masse oder auch einzelner Berufsklassen nie auf ein N-Minimum physiologischer Art aufbauen können (R u b n e r , Volksernährungsfragen S. 38).

Ein Kostsatz, allgemein anwendbar, muß die Gewißheit geben, daß er unter allen Umständen den Körper auf diesem normalen Bestand erhält oder, wo Unterernährung vorliegt, ihn auf einen normalen Bestand bringt. Ideal gedacht, liegt der normale Zustand in der Befriedigung des Zellbedürfnisses an Eiweiß. Die Zellen sollen sich, soweit es in ihren Eigenschaften begründet ist, mit Protoplasma füllen können. Wir nehmen an, daß dies der Zustand der vollsten Gesundheit ist. Aus Mangel eines anderen Kriteriums legen wir auf ein der Körpergröße entsprechendes Lebendgewicht Wert.

In der Ernährung auf einem N-Minimum liegt für den Körper eine eminente Gefahr. Jede zu geringe Zufuhr bedingt einen enormen Körperzerfall. Wenn wir bei einem Minimum von 4 g N auch nur 0,5 g N zu wenig zugeführt denken, so ruht auf den 4 g N die ganze Erhaltung der Eiweißmasse des Körpers. 0,5 g N zu wenig bedeuten also 12,5% N-Verlust des Körpers. Wenn ein 70 kg schwerer Mann 2100 g N am Körper hat, so ist also der Verlust von 12,5% des Bestandes = 262,5 g N (7,720 kg Fleischmasse).

Bleibt man aber durch eine reichliche Eiweißgabe über dem Minimum, so ist selbst eine längere Kürzung der N-Zufuhr absolut unbedenklich.

Diese ungleiche Bedeutung des N, der rein dynamisch also durch Fett oder Kohlehydrate ersetzbar ist, und der N-Menge des Minimums wird leider bisher absolut nicht richtig aufgefaßt, obschon sie von grundlegendster Bedeutung ist.

Zufällige N-Verluste sind im praktischen Leben sehr häufig. Eine Kostordnung ist ein Vorschlag, für deren praktische Ausführung gefordert wird, daß die Materialien nach Mittelzahlen der bekannten Analysenwerte berechnet sind.

Es ist, glaube ich, doch an der Zeit, daran zu erinnern, daß die Vorstellungen über die Genauigkeit, welche man durch Zusammenstellung der Kost von Nahrungsmitteln in der Praxis erreichen kann, ganz imaginäre sind. Man geht fast so weit, sich um die Einheiten der Nahrungsstoffe in einer Kostform in langgedehnte Diskussionen einzulassen. Am geringsten werden die Fehler bei längeren Versuchsreihen und nicht zu engem Menu. Wird aber ein einzelnes Nahrungsmittel vorwiegend benutzt, dann besteht auch die Möglichkeit erheblicher Differenzen.

Ich erinnere mich, daß vor mehreren Jahrzehnten plötzlich die von mir ausgeführten Analysen des Brotes einen wesentlich verschiedenen Eiweißgehalt früheren Untersuchungen gegenüber gaben. Da stellte sich zur Erklärung heraus, daß die Bezugsquelle des Weizens sich geändert hatte.

Nach K ö n i g ist der Weizen aus südlichen Gegenden proteinreicher als jener, der in einem rauheren Klima gewachsen ist (Die Nahrungs- und Genußmittel, Bd. 2 S. 756), englischer, schottischer und dänischer Weizen sind proteinarm. 100 Teile

Trockensubstanz von Weizen enthalten 13,89 Protein, das Minimum (australischer Weizen) ist 11,73, das Maximum (russischer Sommerweizen) 19,33.

Solche Schwankungen können für den Proteingehalt des Brotes von großer Bedeutung werden; man muß ihrer gewärtig sein, weil die Bezugsquellen des Korns in manchen Gegenden, die nicht genug eigene Frucht produzieren, wechseln.

Eines der Nahrungsmittel mit enorm wechselndem Proteingehalt ist die Kartoffel (s. König II, S. 892).

In 100 Teilen Trockensubstanz ist die N-Substanz

Im Minimum 4,41
„ Maximum 14,64
„ Mittel 7,94

Von dem ungleichen Gehalt an Nichtproteinstickstoff mag ganz abgesehen werden. Mit diesen beiden Beispielen ist genug gesagt über die gelegentlichen Abweichungen von sog. Mittelwerten. Man muß also mit Abweichungen auch bis auf die Minimalwerte berechnen.

Die Werte der Ausnutzung ferner wechseln nach zufälligen Momenten oder Schwankungen in der Zubereitung, nach Qualität der Ware usw. Leichte Verdauungsstörungen, vorübergehende febrile Störungen sind nichts so Seltenes. Das Eiweißminimum, das habe ich schon oben erwähnt, hängt auch mit der absoluten Menge des Nahrungsbedarfs zusammen. Ist die Nahrung so berechnet, daß sie bei Arbeit z. B. genügend ist und das N-Minimum deckt, so besteht ein Defizit an N am Ruhetag. Um ein konkretes Beispiel zu wählen, so möge etwa an einem Arbeitstag mit 3600 kg/Kal. Umsatz 360 Kal. an Eiweiß notwendig gewesen sein $= 10\%$ der Kost, so würde an einem Ruhetag mit der gleichen Kostzusammensetzung nicht auszukommen sein, da 10% von 2400 kg/Kal. = Ruhebedarf nur 240 Eiweißkalorien einführen würden.

Wie hoch man diese schwankenden Faktoren berechnen will, läßt sich nach exakten Zahlen nicht angeben und daher auch nicht sicher sagen, wie groß der Überschuß des dynamischen Anteils des Eiweißes über dem Minimum bei der betreffenden Kost liegen soll. Bei der Normierung eines Kostsatzes verlassen wir die Möglichkeit der scharfen, exakten Messung, und es beginnt das Problem einer Schätzung, deren Richtigkeit dann durch die praktische Erfahrung gebilligt werden muß. Ich habe diese Größen mit dem Sicherheitsfaktor verglichen, den der Architekt bei seiner Bauausführung nötig hat.

Bei einer Kost, die für den Arbeiter bis 750 g Brot zuläßt und auch bezüglich des Genusses von Vegetabilien freie Wahl läßt, das Fleisch als besonderes Gericht gibt, bin ich, wie ich a. a. O. (Volksernährungsfragen, S. 41) auseinandergesetzt habe, der Meinung, daß das Minimum zeitweilig vielleicht um 90 g Eiweiß herum liegen möchte. Ich bin daher der Anschauung, daß man Meinung unter den genannten Bedingungen die Zahl von 110 g Eiweiß als genügend annehmen könne.

Ich bin der festen Überzeugung, daß wir ohne solch einen Überschuß von Eiweiß normalerweise und auf die Dauer gar nicht auskommen können. Hierfür aber eine bestimmte Zahl anzugeben, sind wir nicht in der Lage, dazu ist unsere Erkenntnis der verschiedenen Eiweißfunktionen viel zu jungen Datums. Es ist möglich, daß man später einmal gewissermaßen synthetisch an diese niederste Bedarfsfrage herantreten kann, praktisch realisierbare Formeln wird man aber für so eine detaillierte Behandlung nicht finden. Es bleibt wohl auf lange Zeit bei einer „Einheitsnorm" für Eiweiß mit dem Bewußtsein, daß es für die Massenernährung eben keine völlig exakte, sondern nur eine genäherte praktische Lösung gibt.

Es ist unzweifelhaft, daß die älteren Autoren, denen man die heute noch akzeptierten Kostordnungen verdankt, von der heutigen eingehenden Begründung, wie ich sie eben erläutert habe, keine Kenntnis hatten und haben konnten. Man hat sich daher von der praktischen Erfahrung leiten lassen, und wir haben jetzt eine reichlich lange Zeit hinter uns, in der sich keine schwerwiegenden Gründe zu wesentlichen Änderungen ergeben haben.

Ein wichtiges Moment bildet noch die Fleischfrage; über diese habe ich mich eingehend in einem vor kurzem erschienen Buche ausgesprochen. Sie hat ihre besondere Begründung in der

Änderung unserer Volksernährung. Eine Fleischgabe in Form
eines Fleischgerichts erhöht den Eiweißbedarf, weil sie gewissermaßen auf einmal eine Steigerung des Eiweißstroms herbeiführt,
das hat vor kurzem T h o m a s gezeigt (Arch. f. Physiol. 1910,
Suppl. S. 264).

Die Agitation gegen den Fleischgenuß geht von vegetarischer
Seite aus, sie ist außerdem eine ökonomische Frage. Abgesehen
davon wird man von medizinischer Seite nicht behaupten wollen,
daß 190 g Fleisch, was als täglicher Konsum vorgeschlagen wurde,
eine schädliche Wirkung haben könnten. Sie entsprechen etwa
32—38 g Eiweiß. Wenn man sich diese Fleischmenge = 100 g
gekochtes Fleisch oder 140 g Schinken auf zwei Mahlzeiten verteilt, denkt und abwiegt, so wird kein vernünftiger Mensch darin
einen Abusus von Fleischwaren sehen.

Dieser Unterschied zwischen den theoretischen Tatsachen der
Ernährungslehre und der praktischen Einführung der Ernährungslehre in die Aufgaben des täglichen Lebens scheint manchem ganz
unfaßbar.

H i n d h e d e wettert gegen die Ernährungstheoretiker und
hält sich selbst für einen eminenten Praktikus. Er ist aber eigentlich einer der Schlimmsten der ersten Sorte. Unter der Über-
schrift: „Die heutige Stellung der deutschen Wissenschaft zur
Eiweißfrage" beschäftigt sich H i n d h e d e besonders mit den
Thesen über einen von mir gehaltenen Vortrag auf dem Internationalen Kongreß zu Berlin 1907. In ihnen findet er einen krassen
Widerspruch, denn ich weise darauf hin, daß der Mensch (nicht
nur mit den sattsam bekannten 118 g Eiweiß, sondern) sich auch
mit geringeren Eiweißmengen, die den sonstigen Eiweißumsatz im
Hunger nicht überschritten, ernähren könne. Dann aber sage
ich, daß das Problem der Massenernährung sich auf diesen niederen
Eiweißmengen nicht festlegen solle, sondern daß man bei den
bisherigen Normen bleiben könne.

Selbstverständlich wurden nicht allein diese Thesen verteilt,
sondern ich habe auch den entsprechenden Vortrag dazu gehalten,
und da hätte Herr H i n d h e d e die Erläuterung meiner Stellungnahme hören können, aus welchen Gründen in praktischen

Fällen der Theoretiker Konzessionen zu machen hat. Vielleicht wird H i n d h e d e , wenn er aus der Rolle des neuen Propheten in die Wirklichkeit tritt, diesen Unterschied auch empfinden.

In seinem Buche verschweigt H i n d h e d e nicht nur das, was ich persönlich gesagt habe, sondern auch noch den Umstand, daß n o c h z w e i R e f e r e n t e n sich in Thesen über das gleiche Thema geäußert haben, nämlich der indes verstorbene Prof. F o r s t e r aus Straßburg und Prof. T i g e r s t e d t , Helsingfors, welch letzterer nicht persönlich erschienen war. Beide stellten sich mit mir auf den gleichen Standpunkt, nämlich daß ein Anlaß zur Verringerung der Eiweißzufuhr nicht vorliegt. Die entscheidenden Thesen T i g e r s t e d t s , die meiner Erinnerung nach mit den meinigen verteilt wurden, lauteten:

„1. Der Mensch kann das Stickstoffgleichgewicht behaupten und völlig leistungsfähig bleiben, auch wenn die Menge des genommenen Eiweißes erheblich geringer ist als die von V o i t in seinem Normalkostmaß für einen mittleren Arbeiter postulierte Menge.

2. Daraus folgt aber nicht, daß es bei der Feststellung eines Kostmaßes angezeigt wäre, die Eiweißzufuhr diesen Erfahrungen nach zu vermindern.“

Warum hat H i n d h e d e unterlassen, diese Angaben zu zitieren und nur mich mit seinen hämischen Bemerkungen beehrt? Für den Leserkreis wäre es doch nicht uninteressant gewesen, zu erfahren, daß drei Gelehrte, denen auf dem Gebiete, über das sie sprachen, eine reichere experimentelle und praktische Erfahrung zu Gebote steht als Herrn H i n d h e d e , der Meinung waren, in den praktischen Fragen der Volksernährung bei den bisherigen Normen es zu belassen?

VI.

C h i t t e n d e n gibt eine Reihe von Beispielen, wie die Diät anders zu ordnen sei. Zunächst für die Geistesarbeiter. Die Kost hat das Bemerkenswerte, daß dabei das Fleisch zwar nicht ausgeschieden, aber sehr vermindert ist, im übrigen werden Vegetabilien in mannigfacher Art verabreicht.

Das Auffällige des Speisezettels sind die süßen Speisen; ich gebe den Inhalt wieder:

1. F r ü h s t ü c k: Eine kleine Tasse Kaffee mit R a h m und Z u c k e r.
2. F r ü h s t ü c k: Ein geschrotetes Weizenbrot oder andere Zeralien-produkte von etwa 30 g mit 90 g R a h m, 30 g Weizensemmel, 7½ g Butter und eine Tasse Tee mit 10 g Z u c k e r, Rahmkuchen oder andere s ü ß e Speise 60 g.

M i t t a g e s s e n: Erbsensuppe 120 g, ein mageres Hammelkotelett 30 g, gekochte süße Kartoffeln 52½ g, Weizenmehl oder K u c h e n 90 g, Butter 15 g, K u c h e n oder s ü ß e r Pudding 60 g, eine halbe Tasse Kaffee mit 10 g Z u c k e r, Käsestangen 15 g.

Über den Nahrungsstoffbedarf wird folgendes gesagt:

Ein Herr lebte bei 57 kg Gewicht von 39 g Eiweiß und 1600 kg/Kal., ein anderer von 72 kg mit 51 g Eiweiß und einer mit 57 kg von 42 g Eiweiß und 1750 kg/Kal. und selten mehr als mit 2000 kg/Kal.

Betrachten wir diese Angaben einmal kritischer: Ich will die Angaben auf 70 kg Körpergewicht umzurechnen, dann finde ich:

Für Fall I   46 g Eiweiß täglich und 1965 kg/Kal.
  „   „ II 50 „   „   „   „ 2331   „
  „   „ III 51 „   „   „   „ 2149   „
bis   58 „   „   „   „ 2456   „   oder etwas mehr.

Nach den vielfachen Versuchen, die man an hungernden Men-schen, welche in üblicher Weise in der Stube ihre Zeit verbrachten, ausgeführt hat, zeigte sich (z. B. auch bei dem Hungerkünstler C e t t i) ein Kraftwechsel von 33,4 kg/Kal. pro Kilogramm, nach anderen Angaben finde ich 32,9 kg/Kal.; bei einem Mann, den ich selbst im Respirationsapparat, also bei möglichster Beschrän-kung der Bewegung untersuchte, rd. 32 kg/Kal., woraus für 70 kg = 2240 kg/Kal. sich ergeben.

Bei Betrachtung solcher Kostsätze muß man folgendes be-achten: Die angegebenen Werte sind meist sog. Bruttowerte, sie müssen aus zwei Gründen über den Verbrauch hungernder Per-sonen hinausgehen a) weil stets eine spezifisch dynamische Wirkung der Kost vorhanden ist, b) weil je nach der Resorbierbarkeit der Nahrungsmittel ein verschiedener Überschuß gereicht werden muß. Für die spezifisch-dynamische Wirkung der üblichen gemischten Kost beträgt der Wert 8,4 g, d. h. es müssen 78 g mehr Kalorien als im wahren Hungerzustand gegeben werden (Ges. d. Energieverbrauches, S. 415), für eiweißarme Gemische, die nicht allzu fettreich sind, würde der Wert nicht weiter als auf etwa 6,4 g d. h. auf die spezifisch-dynamische Wirkung der Kohlehydrate sinken können. Was die Ausnutzung anlangt, so ist ein Verlust mit dem Kot bei starker Reduktion des Brotes bis auf 4,2 g Energieverlust (Arch. f. Hyg. 1902, Bd. 42 S. 290) möglich, kann aber bei Brot, das nur aus geschältem Korn bereitet wird, auf 15,5% steigen. Noch größere Verluste finden sich bei groben Brotsorten u. dgl. (l. c. S. 277).

Die minimalsten Werte, um deren Beträge die Bruttokalorien den Hungerbedarf überschreiten müssen, sind also rd. 6,4 + 4,2 = 2240 × 1,106 = 2477 kg/Kal.

Sonach wäre das Minimum an Bruttonahrungswerten, das man vom Hungerstoffwechsel ausgehend erwarten könnte: 2477 kg/Kal.; es kommt aber allenfalls in Betracht, daß in den Fällen Chittendens es sich um Personen mit einem stark verminderten Körpergewicht gehandelt hat, dann wäre es möglich, daß der Kraftwechsel wegen des wenig guten Ernährungszustandes schon im Sinken war.

Im Fall I wird also, wie man sieht, als Nahrung so wenig empfohlen, daß unbedingt eine Art Hungerzustand vorhanden war, wenn tatsächlich nur 1965 kg/Kal. aufgenommen wurden. Die beiden anderen Werte würden genau so viel Nahrung entsprechen, als nach unserer Kenntnis im Hungerstoffwechsel verbraucht wird, nämlich 2331, Fall II und Fall III Mittel 2303 kg/Kal.

Was den Eiweißverbrauch anlangt, so ist dessen niedriger Stand nur erklärbar mit dem reichen Gehalt der Kost an süßen Speisen, der Verwendung von Sahne, Kartoffeln und der eminenten Reduktion an Brot. Die gegebenen Werte entsprechen wahrscheinlich einem wirklichen physiologischen N-Minimum, das praktisch, wie gesagt, für einen allgemeinen Kostsatz unannehmbar ist.

Als Soldatenkost gibt Chittenden etwa 55 g Protein (44 g verdaulich) und 2500—2700 kg/Kal. an, für welche Gewichtseinheit sie gemeint ist, ersehe ich nicht. Für einen 70 kg schweren Mann, der den vollen Dienst in der Armee verrichtet, ist das viel zu wenig. Wir rechnen im Friedensdienst mit 3100 kg/Kal. in der Ration oder etwas mehr, wobei sich die Mannschaft gut erhält. Von den wenigen Soldaten, bei denen C h i t t e n d e n die Kost von 2500 kg/Kal. geprobt hat, haben die schwereren 3,5—8,5 kg innerhalb der Versuchszeit an Gewicht verloren.

Daraus kann man nur entnehmen, daß die Kostsätze eben nicht richtig waren; ein Verlust mehrerer Kilogramm ist denn doch keine Sache, über die man zur Tagesordnung übergehen kann. Ein Teil der Soldaten hat auf die Durchführung der Versuche verzichtet.

Solch ein niedriger Konsum ist bei der üblichen militärischen Leistung bei uns unmöglich. Ich will da zur Illustration ein paar eigene Mitteilungen über die Gefängniskost machen. Diese ist sehr einfach zusammengesetzt und so abgeändert, daß die früheren Klagen über Monotonie mit Recht als behoben angesehen werden können. Fleisch im weitesten Sinne erhalten die Gefangenen nur an drei Tagen in beschränkter Menge, an vier Tagen wird animalisches Eiweiß in der Form von Magermilch oder Magerkäse gegeben. Bei den Personen, die etwa Arbeiten verrichten, wie sie in Fabriken geleistet wird, hat sich folgender Kostsatz als zureichend erwiesen: 87,5 g Eiweiß, 34,5 g Fett und 579 g Kohlehydrate = 3051 kg/Kal. Gefangene, die aber eine schwere Arbeit als Gasarbeiter, in der Kolonisation, in der Schmiede und Schlosserei und schwere Tischlerarbeiten verrichten, kommen mit 3648 kg/Kal. (123 g Eiweiß, 48 g Fett und 65 g Kohlehydrate) nicht aus, sondern müssen teilweise eine weitere Fett- und Kohlehydratzulage erhalten. Da hier jede andere Nahrungsquelle ausgeschlossen ist und die Arbeitsleistungen streng innegehalten werden müssen, so kann man deutlich sehen, wie hoch der wirkliche Bedarf sich bemißt.

Auch die Art der Soldatenernährung wird jedem, der für militärische Anforderung einen Blick hat, unmöglich erscheinen. Ich greife beliebig einen solchen Speisezettel heraus. Das Beispiel lautet:

F r ü h s t ü c k : Gedämpftes indisches Maismehl 20 g, Sirup 90 g, gebratene Kartoffeln 270 g, Butter 22½ g, eine Tasse Kaffee.

M i t t a g e s s e n : Dicke Tomatensuppe mit Kartoffeln und Zwiebeln
330 g, Rührei 60 g, Kartoffelbrei 240 g, Brot 60 g, Butter 22½ g, eine Tasse
Kaffee.

A b e n d e s s e n : Gebratener Speck 22½ g, gekochte Kartoffeln 240 g,
Butter 22½ g, Brotpudding 180 g, Bananenscheiben 240 g, eine Tasse Tee.

Wo in aller Welt findet sich Zeit und Gelegenheit, etwa im
Frieden oder gar im Feld, solche Menus zu kochen?

Ich füge noch ein paar Bemerkungen über Athletenkost an.
Drei Fälle werden berichtet. Berechne ich die Angaben auf einheitliches Gewicht, so erhalte ich:

| | | | pro 70 Kilo | |
Gewicht	Eiweiß	Kal.	Eiweiß	Kal.
67 Kilo	56 g	2500	58	2611
79 ,,	71 ,,	2800	63	2741
73 ,,	72 ,,	3000	69	2867
			Mittel	2739

Die Leistungen von Athleten lassen sich durch den niedrigen
Stoffverbrauch nicht erklären.

Wenn der Kostsatz für Leute mit geistiger Arbeit bereits
2317 kg/Kal. nach obenerwähnten Zahlen C h i t t e n d e n s beträgt, so bleiben nur

$$\begin{array}{r} 2739 \ \text{kg/Kal.} \\ -2317 \quad ,, \\ \hline = 422 \ \text{kg/Kal.} \end{array}$$

für Athletenarbeit, worunter man doch eine besonders große
Leistung versteht.

Nach Untersuchungen, die ich bei Leuten, die am Ergostaten
im Respirationsapparat arbeiteten, unternahm, würden diese
422 kg/Kal. nur 49 700 kg/m wirklicher Arbeit entsprechen, was
zweifellos als eine recht kleine Leistung bezeichnet werden müßte.

Auf ein sehr wichtiges Bedenken gegen die Soldatenversuche
C h i t t e n d e n s hat schon B e n e d i c t hingewiesen (American.
Journ. of Physiol. 1906, S. 409), das ist die ungleiche N-Aus-

scheidung mit dem Kote. Bei der gleichen Ernährung schwanken die Zahlen zwischen

0,74—2,01,
1,00—2,31,
1,50—2,30 g N pro Tag.

Solche Ungleichheiten kommen bei gleichmäßiger Nahrungszufuhr nicht vor, die kleinsten Werte bewegen sich an der Grenze der N-Ausscheidung bei N-freier Zuckerkost, wie sie Thomas angewandt hat, und wie ich und später Rieder sie schon früher für N-freie Kost angegeben haben. Die höheren Werte kommen bei reichlicher Fütterung mit Vegetabilien zur Beobachtung und werden oft bei gewöhnlicher gemischter Kost nicht überschritten. Bei der niederen N-Zufuhr sind die Werte unerklärlich und ebenso die Schwankungen bei gleicher Zufuhr.

Aber diese ganze Behauptung, daß der Athlet nur 2739 kg/Kal. Umsatz hatte, trägt den Stempel der Unmöglichkeit auf der Stirn. Wenn es irgendwie leicht ist, den Stoffwechsel und Kraftwechsel in seiner Größe ad oculos zu demonstrieren, so ist das bei der mechanischen Arbeit der Fall. Die Athleten hätten einen nur um 18,2% gesteigerten Kraftwechsel gehabt, nach meinen Untersuchungen steigt schon bei einem Schreiber der Tagesdurchschnitt um 6,5%, bei einem Schneider um 11%, bei einem Nähmaschinenmädchen um 18,5% gegenüber der Ruhezeit. Danach hätten die Athleten keine größere Steigerung des Stoffwechsels gehabt als eine Näherin bei ihrer Arbeit, das ist denn doch ein unmögliches Resultat. Da obige Werte im Respirationsapparat gemessen sind, gibt es also keine Möglichkeit einer Täuschung. Chittenden hat sich aber nur auf die Angaben über die verzehrten Nahrungsmittel verlassen müssen und hatte zur Kontrolle nur das Körpergewicht.

Nehmen wir aber einmal das Ergebnis, das Pettenkofer und Voit am hungernden Menschen gefunden haben bei Ruhe und Arbeit. Sie erhielten:

In der Ruhe einen Umsatz von 79 g Eiweiß und 209 g Fett = 2240 kg/Kal.
bei Arbeit „ „ „ 75 „ „ „ 380 „ „ = 3837 „

Im Hunger, das wird wohl einleuchtend sein, findet keine Verschwendung von Körperstoffen statt und trotzdem diese Stei-

gung bei einer Arbeit, die der eines Schmiedes oder Feldarbeiters
entspricht.

Umsätze von 3000—5000 Kal. an Arbeitstagen sind also die
üblichen für stärkere menschliche Leistungen. Die Steigerungen, die
A t w a t e r und B e n e d i c t bei Arbeitsversuchen im Kalori-
meter hinsichtlich des Energieverbrauchs nachgewiesen haben,
entsprechen 1440—2786 kg/Kal. Die Athleten C h i t t e n d e n s
hätten also kaum $^1/_7$ einer sonst nicht außergewöhnlichen Arbeitsleistung zustande gebracht.

Sowohl bei den Soldaten wie bei den Athleten wird rühmend
ihre Leistungsfähigkeit hervorgehoben und so gedeutet, daß damit
der Beweis völlig ausreichender Kost geliefert sei. Als Propaganda-
mittel für weitere Kreise mag ein solches Argument Bedeutung
haben, aber sicher nicht vom Standpunkt der Ernährungsphysiologie. Denn wir wissen, daß auch manche Hungerkünstler bei
vollkommener Nahrungsentziehung lange Zeit hindurch zu körperlichen Leistungen aller Art befähigt sind.

Die Leute C h i t t e n d e n s haben aber nicht gehungert,
wenigstens war die Nahrung vermutlich nur teilweise ungenügend,
und auch was das Eiweiß anlangt, erhielten sie wenigstens auch
einen Teil dessen geliefert, was sie nötig hatten. Also die angeführten Belege können dafür, daß ihre Leistungsfähigkeit durch
die Kost bedingt war, überhaupt nichts beweisen.

Das Stoffmaß des Athleten zeigt auch wieder, daß das, was
die Arbeit erfordert, ähnlich wie beim Soldaten bei C h i t t e n -
d e n viel zu gering bewertet worden ist. Hätten Soldaten und
Athleten wirklich viel körperliche Leistung getan, so hätten sie
auch mehr Nahrung benötigt, denn schließlich weiß man doch,
daß es für die Kraftleistungen nur e i n e Kraftquelle gibt, den
Energiegehalt der Kost.

Es ist schon oft — neben dem Gegenteil — behauptet worden,
daß namentlich für intensive Sportleistungen eine sehr eiweißreiche
Kost nicht geeignet sei, freilich wird das nicht generell zugegeben,
und die Beurteilung aus den „Gefühlen“ heraus ist natürlich
keine sichere Beweisführung.

Zweifellos spielt bei solchen Angaben auch der Umstand eine Rolle, daß unter eiweißarmer Kost eine sehr mäßige verstanden wird, die durch Entfettung dem Einen oder Anderen Erleichterung in sportlichen Leistungen gebracht hat.

Da sich eine gewisse Beziehung des Eiweißes zu den körperlichen Leistungen aus den von mir nachgewiesenen spezifisch-dynamischen Wirkung der Eiweißstoffe erwarten ließ, habe ich diese Fragen im Auge behalten.

Schon vor vielen Jahren habe ich die Beziehungen des Eiweißes als Nahrungsmittel zur körperlichen Leistung näher studiert.

Eingehende Untersuchungen haben die Bedeutung der Eiweißstoffe für den Wasserstoffwechsel, besonders unter den Bedingungen hochwarmer Luft und mit Bezug auf die Ernährung in den Tropen geschildert (Arch. f. Hyg., Bd. 38 S. 155). In allen Fällen, in denen große Ansprüche an die Wärmeregulation und die Wärmeverdunstung gestellt werden, ist das Eiweiß weniger geeignet als Fett und Kohlehydrat.

Ferner habe ich erwiesen, daß die spezifisch-dynamische Wirkung der Eiweißstoffe beim Menschen durch die gleichzeitige Arbeitsleistung nicht aufgehoben wird, sondern daß sich beide Effekte summieren. Daher kommt es bei reichlicher Eiweißkost (über das Maß des durchschnittlichen Konsums hinaus) zu einer erheblichen Erschwerung der Wärmeregulation, also zu einer frühzeitigeren Begrenzung der Arbeitsleistung als bei Fetten und Kohlehydraten (Sitzungsber. d. Kgl. preuß. Akademie 1910, 17. März). Es handelt sich also um keinerlei mystische Wirkungen des Eiweißes, sondern um Wirkungen, die sich teils aus der chemischen Natur derselben, teils aus dem biologischen Verhalten und den Beziehungen zum Wärmehaushalt ergeben. Letzteres gilt nicht allgemein, sondern nur unter bestimmten klimatischen Voraussetzungen.

An diese Athletenversuche knüpft nun der Sanitätsrat S t i l l e folgende Bemerkungen an:

„Einen weiteren Beweis, daß unsere Ernährungslehre reformbedürftig ist, liefert uns ein ganzes Volk, die Japaner." Und weiter heißt es (S. 14): „Man nahm bei uns lange Zeit an, diese

Ernährung sei nicht richtig, daß es möglich sei, mit so geringen Eiweiß- und Fettmengen auszukommen wie jene, die Ostasiaten, wirklich tun, wollten die Gelehrten nicht zugaben, weil es unseren gewohnten Anschauungen widersprach."

Herr S t i l l e weiß nun freilich nicht, daß das japanische Ernährungsproblem schon häufig genug zum Gegenstand der Besprechung in den wissenschaftlichen Zeitschriften gemacht worden ist. Was hier von S t i l l e erzählt wird, ist in dieser Form unrichtig. Schon die Angaben S c h e r z e r s (s. bei V o i t, Untersuchung der Kost usw., 1877) ließen erkennen, daß der angebliche geringe Nahrungskonsum der Ostasiaten eine Fabel ist, und S c h e u b e, E i j k m a n n, T a w a r a haben in zahlreichen Erhebungen die Kost näher geschildert (O. K e l l n e r und S. M o r i, Zeitschr. f. Biol., Bd. 25 S. 111). Aus diesen Ergebnissen hat sich nichts ergeben, was als ein auffälliger und ganz abweichender Nährbedarf angesehen werden könnte.

Die Verdauung dieser vegetabilischen vorwaltenden Reiskost des Japaners stimmt auch ganz mit den Ergebnissen überein, die ich an mir selbst (1879) bei ausschließlichem Reisgenuß beobachtet habe. Im übrigen wird die altjapanische Binnenlandkost weder als etwas besonders Zweckmäßiges und Rühmenswertes angesehen, die Leute machen eben aus der Not eine Tugend, sie leben so, weil sie nichts anderes haben. Mit dem Tage, an dem auch das Innere des Landes in Japan aufgeschlossen wird, wird die reichhaltigere und abwechslungsreichere Ernährung der Küste auch nach dem Innern verpflanzt werden. Und wenn etwa mehr Fische oder mehr Fett späterhin genommen werden sollten, so wäre das kein Rückschritt, sondern eine Verbesserung der bisherigen Zustände. Wahrscheinlich nimmt aber die Ernährung Japans einen noch reformierenderen Charakter an. Die europäische Eßweise greift mit den Jahren weiter um sich, nachdem sie auch zuerst in der Marine ihren offiziellen Eingang gefunden hat.

Alles in allem genommen sind die von C h i t t e n d e n empfohlenen Kostordnungen nicht wirklich eiweißarm und widersprechen hinsichtlich des Energiebedürfnisses biologischen Möglichkeiten. Hinsichtlich der Eiweißmengen besagen sie nichts

anderes als das, was durch unsere Untersuchungen schon bekannt
war, daß man nämlich bei geeigneter Auswahl der Hauptnahrungs-
mittel auch mit weniger als 100 oder 120 g Eiweiß in der Zufuhr
leben kann (pro 70 kg und einen kräftigen Arbeiter gedacht).

Ein solcher Versuch ist aber hier nicht mit tauglichen Mitteln
vorgenommen worden, er ist vielmehr halbwegs stecken geblieben.
Wenn man unter 110—120 g Eiweiß heruntergeht, so beginnt der
Einfluß der spezifischen Eigenschaften der Eiweißstoffe. Die Kost
muß nun wirklich besonders ausgedacht werden. Es ist denkbar,
auch unter 120 g Eiweiß ein Gleichgewicht mit genügendem
Sicherheitsfaktor herzustellen. Wenn die niedersten Eiweiß-
minima 30—35 g Eiweiß betragen und man einen Sicherheitsfaktor beliebig gewählt von 20 g Eiweiß hinzufügt, so sollte man
denken, dies sei zureichend. Wir besitzen leider noch keine direkten
Versuche dieser Art.

Aber nicht jede Eiweißzahl unter 120 bietet diese Gewißheit;
es kann durch Zufall ein echtes spezifisches Minimum oder
bei anscheinend genügend Eiweiß sogar eine Unterernährung
vorhanden sein.

C h i t t e n d e n sind diese Tatsachen noch nicht bekannt
gewesen, deshalb sind seine Kostformen nur ein Tasten ohne
sicheres Ziel, und die schwankenden Resultate sind wahrscheinlich
auf die Ungleichheiten der Kost im wesentlichen zurückzuführen.

Die Komposition der richtigen „Eiweißmischung" kann also
eine sehr verwickelte Aufgabe werden, die in praxi unrealisierbar
ist. Wir haben aber auch gesehen, daß alle diese Dinge nur durchführbar sind, wenn man an Stelle einer ziemlich freien Wahl,
welche unsere Kostordnung „gemischte Kost" läßt, sich auf eine
besondere Art der Speisen festlegen wollte.

Was die Speiseart anlangt, so sind die angeführten Beispiele
ein Beweis dafür, daß ähnliche Zubereitungen nur in einer sorg-
fältig geleiteten Küche hergestellt werden können, sie sind viel
zu teuer und kompliziert, als daß sie für weitere Kreise Bedeutung
haben könnten. Wenn die Vorschläge als eine neue Lehre in
populären Schriften begrüßt worden sind, so liegt das nur in der
versteckten Propaganda des Vegetarismus, der in den Publika-

tionen C h i t t e n d e n s eine materielle Unterstützung zu finden glaubt.

Um mich nun noch H i n d h e d e in Kürze zuzuwenden, bleibt nicht viel zu sagen, es ist dasselbe Bestreben, eine eiweißarme Kost herzustellen und an Menge des Verzehrten zu sparen. Nur die Ausführung, weil diese eben von Landessitte und Geschmacksgewohnheiten abhängig ist, erscheint eine andere.

Die Nahrungsmittel teilt H i n d h e d e nach seiner Meinung in drei Gruppen (Kosmos, S. 205). Die wichtigsten sind:

1. Kartoffeln, Brot, Obst, Butter; dann folgen
2. Milch, Eier, feinere grüne Gemüse; endlich
3. gröbere grüne Gemüse, Erbsen, Bohnen, Zucker, Fleisch.

Als Frühstück nimmt er Gerstengrütze, Zucker und abgerahmte Milch.

Als Abendessen: Brot mit Butter ($^1/_5$ Butter, $^4/_5$ Margarine), und zwar tunlichst hartes Brot und Kartoffelsalat u. dgl.

Von den Mittagessen will ich einige Menus erwähnen (Die Reform usw., S. 140):

1. Erbsensuppe, Pfannenkuchen, Rhabarberkompott, Zucker, Schwarzbrot.
2. Kartoffelfrikandellen mit Buttersauce, Kartoffel mit Butter, Rhabarbergrütze.
3. Kartoffeln mit Butter und Rhabarbergrütze.
4. Kartoffeln mit Butter, Mannapudding.
5. Grünkohl mit Kartoffeln, Mannapudding, Rhabarbersauce.
6. Reispfannkuchen, Erdbeeren, Rhabarbersauce, süße Milch.
7. Reisgrütze, arme Ritter, Rhabarbersauce usw.

Vom warmen Essen hält er nichts.

Die Eßweise ist einförmig und ungemein arm an Genußwerten, aber H i n d h e d e lebte zur Zeit seiner Experimente, wenn ich recht unterrichtet bin, auf dem Lande, mit ausreichender Zeit zu körperlicher Bewegung und Erholung. Wahrscheinlich erfreut er sich auch der besten Gesundheit, da wird ihm seine Kost auch gut munden. Zu einer allgemeinen Ernährung, das darf sich H i n d h e d e nicht verhehlen, eignet sie sich nicht. Trotz der geringen Geschmackswerte erfordert die Herstellung eine geschickte Hand.

H i n d h e d e meint, man könne aber noch viel einfacher und billiger leben. Die Landleute, sagt er, könnten die Kosten ihrer Unterhaltung noch sehr einschränken, wenn sie v o n G e r - s t e n w a s s e r g r ü t z e   m i t   Z e n t r i f u g e n m i l c h leben wollten, zur Abwechslung könnte Schmalzbrot usw. gegessen werden (l. c. S. 149). Ich glaube, eine solche Gemeinde wird auch unter den genügsamsten Bauern nicht sehr groß werden.

Ich muß hier besonders betonen, daß bei H i n d h e d e gar keine ausgedehnten Erfahrungen vorliegen und kein einziger Fall von Ernährung bei Leuten mit wirklich kräftiger Arbeit. Die Umsätze erreichen noch nicht einmal den eines mittleren Arbeiters, und wie sich etwa Leute nähren sollten mit 4000 bis 5000 kg/Kal. Bedarf, ist bei dieser Art von Kost nicht wohl vorzustellen.

Es müßte dabei das Volumen der Kost ganz unnatürlich hoch werden und außerdem ein ganz gekünstelter Aufbau der Kost vorgenommen werden, um auf einem niedrigen Eiweißstoffwechsel zu bleiben.

Wenn man die mit so viel Ausfällen aller Art auf die Ernährungsphysiologie geschriebene Broschüre durchmustert, so ist man über das, was hier weiteren Kreisen als eine neufundierte Lehre vorgetragen wird, wirklich erstaunt. Das ganze Regime ist nichts weiter als ein aus der dänischen Bauernkost herausgewachsener Vorschlag einer äußerst nüchternen Kost, die, weil sie reich an Kartoffeln und ähnlichem, angeblich ein niederes N-Gleichgewicht erlauben sollte. Wer das Glück hat, unter so äußerlich günstigen Bedingungen zu leben wie H i n d h e d e , dem fehlt es natürlich auch bei dieser einfachen Kost nie an dem nötigen Appetit, und vieles tut in solchen Sachen die Überzeugung. H i n d h e d e hat uns aber nichts Neues bewiesen, denn Untersuchungen dieser Art sind schon lange vor ihm ausgeführt worden.

C h i t t e n d e n und H i n d h e d e legen anscheinend auf den Genuß der Vegetabilien den Hauptnachdruck, das steht allerdings nicht ganz im Einklang mit der Meinung anderer Physiologen und Hygieniker.   -

Zu den schmackhaften Kostarten gehören H i n d h e d e s Speisezettel gewiß nicht oder wenigstens läßt sich, wie die Kostweise C h i t t e n d e n s zeigt, die gleiche Frage mit besseren Mit-

teln lösen. Wenn einige Dutzend Menschen nach seinen Speise-
zetteln leben mögen, so ist damit nicht gesagt, daß man sich für
eine allgemeine Einführung gerade ins Zeug legen wird.

Leider ist in dem Buch H i n d h e d e s nichts enthalten über
eine genaue ernährungsphysiologische Untersuchung seines Er-
nährungsverfahrens, es wird nur der Konsum der Nahrungsmittel
angegeben und aus diesen der Nahrungsverbrauch berechnet neben
vereinzelten Angaben über Körpergewichtsänderungen. Die zahlen-
mäßigen Belege sind äußerst dürftig. Ein näheres Eingehen auf
die Besonderheiten der Kost ist dadurch unmöglich.

Für die Zusammensetzung der Kost seines Hausstandes berechne ich (s. S. 155) aus seinen Angaben:

Von 100 Kal. sind 9,09 in Eiweiß, 28,0 in Fett, 62,9 in Kohlehydraten.

Die Untersuchungen H i n d h e d e s sind nur nach Aus-
wägungen der Nahrungsmittel berechnet, und die Körpergewichts-
bestimmung ist die einzige Kontrolle über seine Nahrungswirkung.
Von sich gibt er an, daß er in 8 Wochen um 1 kg abgenommen
habe, als er mit 57 g Eiweiß und 2236 Kal. lebte, das Körpergewicht ist nicht beigefügt. An einer anderen Stelle erwähnt er
von sich das Gewicht zu 61 kg (l. c. S. 218), so daß er also pro
70 kg 65,4 g Eiweiß und 2639 kg/Kal. brauchte.

Eine andere Person, die in 8 Wochen 7,5 kg abnahm, gibt
den Durchschnitt von 60,3 g Eiweiß und 2366 kg/Kal.; solch eine
Zahlenbildung ist natürlich unerlaubt, wenn so gewaltige Ge-
wichtstürze vorliegen. Noch in der letzten Woche des Versuchs
fiel das Gewicht um 2,5 kg. Aus diesem Versuch ist nur zu entnehmen, daß die Person mit der Kost absolut nicht gereicht hat.
Von einem 19 jährigen Mann (l. c. S. 163) von etwa 60 kg wurden
die Resultate der Nahrungsmittelaufzeichnung berechnet. Mittel
von 97 Tagen pro 70 kg 91 g Eiweiß, 45 g Fett, 477 g Kohlehydrate
2576 kg/Kal. Es war eine fleischlose, hauptsächlich vegetarische
Kost. Wenn ich die Angaben H i n d h e d e s richtig verstehe,
so scheint diese Person um 2 kg bei dem Experiment abgenommen zu haben.

Das positive Resultat für zwei Personen ergibt also einen Verbrauch pro 70 kg

a) von 65,4 g Eiweiß und 2639 kg/Kal.,

b) „ 91,0 g „ „ 2576 „

Solche summarischen Angaben ohne Analysen der Nahrungsmittel haben gar keinen Wert, da der Proteingehalt namentlich von Weizen, Roggen und Kartoffeln, den Hauptbestandteilen dieser Kostform, zu schwankend ist.

Wenn man annimmt, daß in einem Brot-Kartoffelgemisch einmal zufällig die Minimalwerte zusammenfallen und beide 60 g Proteinsubstanz ausmachen, so werden die Maximalwerte bei Brot $30 \times 1,65 = 49$ und für die Kartoffel $= 30 \times 3,32 = 99,6$, die Summe also 149 g Proteinsubstanz.

Mit Berücksichtigung, daß H i n d h e d e überhaupt keine experimentellen Belege gegeben hat, sind also alle Angaben über den Proteinkonsum völlig unsicher. Vielleicht hat er also zeitweise mehr Eiweiß als die verpönten 118 g aufgenommen, während die Rechnung nur 57 g ergab!

Die Zahlen sind, wie gesagt, in keiner Weise näher gestützt, weder durch fortlaufende Analysen der Kost noch durch Analysen von Harn und Kot oder anderweitige Messungen. Sie gelten der Kalorienzahl gemäß für einen Mann ohne besondere Arbeitsleistung. Ob in beiden Fällen Minima des Eiweißkonsums vorgelegen haben, weiß man nicht. Der Wert 91 g Eiweiß bleibt unter dem Wert (etwas über 100 g Eiweiß), wie man ihn auch sonst bei gemischter Kost findet, nur um weniger zurück, und der erste gehört annähernd etwa jenen Größen zu, wie sie bei Kartoffelkost auch sonst gefunden wurden (s. meine Angaben und die von T h o m a s l. c.).

Um ähnliche Werte zu erreichen, braucht man aber gar nicht auf die vegetabilische Kost zurückzugreifen.

H i n d h e d e hat die Versuche N e u m a n n s , der 746 Tage mit zuverlässigen Bilanzversuchen dazwischen von einer einfachen, billigen Kost mit täglich 74,2 g Eiweiß, 117 g Fett und 213 g Kohlehydrate $= 2367$ kg/Kal. lebte, erst jetzt kurz in einer An-

merkung gestreift. Sie hätten ihm ein Vorbild sein können, wie
man solche Experimente auszuführen hat, wenn sie Anspruch auf
Bedeutung haben sollen. Die Versuchsreihe N e u m a n n s verwendet dieselben Nahrungsmittel, wie sie bei uns überall in Verwendung sind, also auch animalisches Eiweiß.

Der Durchschnitt des Nährstoffverbrauchs war pro 70 kg
= 79,5 g Eiweiß, 163 g Fett, 234 g Kohlehydrate = 2777 kg/Kal.
Das weicht von H i n d h e d e s Werten der Eiweißzufuhr und
der Kalorienzahl nur unwesentlich ab. Wohl aber sehr in der
Beteiligung der einzelnen Nährstoffe an der Ernährung, denn von
100 Kal. sind 11,7 g Eiweiß, 54,5 g Fett, 33,8 g Kohlehydrate.

Von den Versuchen von O. N e u m a n n bietet eine genaue
analytisch durchgeführte Periode das meiste Interesse, dabei wurde
die Nahrung analysiert und Harn und Kot auf N-Gehalt untersucht. Unter Variation des N der Nahrung wurde sodann der
N-Umsatz festgestellt (Arch. f. Hyg., Bd. 45 S. 52).

Das 14 tägige Mittelmaß ist 76,5 g Eiweißumsatz, die Bilanz
pro Tag + 0,22, wenn man aber bedenkt, daß neben Harn und
Kotstickstoff noch außerdem im Schweiß etwa 0,5—0,8 g N verloren gehen, so war zwar kein völliges N-Gleichgewicht vorhanden, allenfalls wären noch eine 0,5 oder 0,8—0,22 = 0,28—0,56 g N
entsprechende Eiweißmenge zuzuzählen, etwa 0,4 × 6,25 = 2,5 g,
so daß der Gesamtverbrauch = 79 g Eiweiß und 2659 kg/Kal.
(bei 66 kg Gewicht) = 83,4 g Eiweiß und 2820 kg/Kal. pro 70 kg war.

Ich habe bis jetzt im ganzen von den Einzelergebnissen ge-
sprochen. Nun behauptet man, bei C h i t t e n d e n lägen aber
doch Massenuntersuchungen vor und dies gäbe ihnen erhöhte
Bedeutung. Die Anzahl der tatsächlich untersuchten Personen
ist aber wirklich nicht sehr erheblich, und die dabei gewonnenen
Resultate können das bisher gewonnene Urteil nicht abschwächen.

Ich will nun zum Schluß noch versuchen, aus der Arbeit
C h i t t e n d e n s den Stoffumsatz der Gruppen mit mehreren
Personen zu berechnen, um so annähernd festzustellen, wie man
etwa die Zahlen in einem Kostsatz formulieren könnte. Daß dies
freilich nicht durch einfache „Mittelbildung" geschehen kann,
sollte sich von selbst verstehen.

Von rd. 12 Personen liegen die N-Bilanzen vor. Sie ergeben teils negative, teils positive Werte. Die Bilanzen sind aber unzutreffend, weil die Ausscheidung von N mit dem Schweiß nicht in Betracht gezogen wurde. Ich muß auch im allgemeinen darauf aufmerksam machen, daß alle zufälligen Verluste von Harn und etwa auch Beimengung von Harn zu den Fäzes bei der Defäkation stets den rechnerischen Erfolg haben, daß N angesetzt wird bzw. daß der eigentliche N-Umsatz zu klein berechnet wird.

Was den Verlust von N mit dem Schweiß anlangt, so kann er nach den von C r a m e r in meinem Laboratorium ausgeführten Versuchen auf 0,8 g und bei warmem Wetter oder bei Arbeit sogar auf 1,6 g, nach B e n e d i k t s neuen Versuchen sogar noch höher veranschlagt werden. Nehme ich auch 0,8 g pro Tag an, so ist die N-Bilanz bei 10 von 12 Personen n e g a t i v , und nur in zwei Fällen bleibt ein Gleichgewicht.

Die N-Ausscheidungen im Harn waren pro 70 kg: 7,9, 7,7, 9,8, 9,2, 8,6, 7,2, 7,8, 9,6, 9,0 g pro Tag.

Woher diese sehr erheblichen Schwankungen rühren, ist natürlich schwer zu sagen, da ja besondere Erhebungen darüber nicht angestellt worden sind. Es können möglicherweise Verschiedenheiten in der biologischen Wertigkeit der in den Nahrungsmitteln enthaltenen Eiweißstoffe vorgelegen haben; vielleicht auch kamen Unterschiede im Fettgehalt der Personen in Betracht, welche sehr wohl bei nicht zureichender Gesamtmenge der Kalorien das Eiweißbedürfnis beeinflussen können.

Eine Kostform muß den Effekt haben, j e d e n , der nach ihr lebt, auf dem N-Gleichgewicht zu erhalten; das ist die Vorbedingung, welche wir im allgemeinen stellen. Sie besonders zu betonen, haben wir aber besonderen Anlaß, weil bei einem N-Minimum auch bescheidene N-Verluste sich mit der Zeit als verhängnisvoll erweisen müßten.

Wollte man also für die Gruppe dieser 12 Personen die Nahrung so bemessen, daß sie für jeden genügend ist, so muß sie auch für den Mann mit dem größten N-Umsatz zureichend sein und wird für diesen ein Minimum, für die anderen einen gewissen Überschuß an Eiweiß bringen. Zur N-Ausscheidung im Harn haben wir also mindestens noch hinzuzufügen die N-Ausscheidung im Kot, die bis 2,3 g betrug, und den N-Verlust durch die Haut — schätzungsweise bis 0,8 g. Wir haben dann mindestens zu reichen: 9,8 N $+$ 0,8 $+$ 2,3 $=$ 12,9 $=$ 80,6 Proteinsubstanz (rd. 81 g). Mit diesem Kostsatz wären also alle ausgekommen, die e i n e Versuchsperson (bzw. zwei) aber eben knapp. Letztere war also auf einem Minimum geblieben, die übrigen hatten einen kleinen Überschuß erhalten. Damit ist aber noch nicht bewiesen, ob dieses Kostmaß auf die Dauer, wie etwa für andere Personen, oder für F r a u e n , die gar nicht untersucht wurden, gereicht hätte.

Zu den Athletenversuchen bemerke ich noch folgendes: Sie dauerten rd. 2 Monate, während einer Woche wurden N-Bilanzversuche gemacht. Eine Berücksichtigung des Verlustes von N im Schweiß, der hier ganz gewiß nicht gering war und bei Benutzung warmer Bäder erheblich gesteigert sein konnte, hat nicht stattgefunden. Von den 7 angeführten Personen kommen allenfalls 2 in ein N-Gleichgewicht, 5 aber nicht, und verloren zum Teil sehr erheblich an N. Wenn man diese Gruppe hätte ausreichend ernähren wollen, würden, da man von dem größten Bedarf ausgehen muß, 9,6 g N (im Harn) notwendig gewesen sein. Dazu käme noch N-Verlust im Kot $=$ 2,3 g und für N-Abgabe im Schweiß niedrig gerechnet (0,8—1,6) $=$ 1,2 g im Mittel, also $=$ 9,6 $+$ 3,5 $=$ 13,1 g Gesamt-N-Bedarf $=$ 81,87 g Eiweiß pro 70 kg, im ganzen rd. 82 g N-Substanz.

Die beiden Reihen würden also ein Mittel zwischen 80—82 g N-Substanz als Zufuhr ergeben.

Die Eiweißzahlen sind nun schon merklich hoch geworden. Von 80—82 g N-Substanz ist aber gar kein weiter Weg bis zu den rd. 100 g Eiweiß, von denen ich annehme, daß sie bei völlig freier Wahl der Nahrungsmittel in dem breiten Rahmen einer aus Animalien und Vegetabilien gemischten, gut resorbierbaren Kost genügend sind.

Es ergibt sich also, daß die Wahl der Speisen bei C h i t t e n - d e n zwar eine andere ist, als sie sonst geübt wird, daß aber der Endeffekt keineswegs einem wirklich tiefliegenden Minimum entsprach, sondern der mittleren Annahme der bisherigen Verkösti-

gungsweise nicht mehr sehr ferne stehen, wie es früher den An-
schein hatte.

Auffallend sind an den Versuchen C h i t t e n d e n s die erheblich schwankenden N-Zahlen des N-Umsatzes. Mir scheint,
wie oben schon gesagt, dies daraufhin zu deuten, wie schwierig
es ist, ohne ganz subtile Rechnung im voraus zu bestimmen,
ob die Kost für eine Gleicherhaltung eines N-Minimums ge-
geeignet sei.

Ich will daher die praktischen Schwierigkeiten, die einer Erhaltung des Menschen auf einem N-Minimum entgegenstehen, etwas
näher auseinandersetzen.

Wenn man in wenigen Worten zusammenfassend sagen soll,
was eigentlich die neue Lehre C h i t t e n d e n s und H i n d -
h e d e s sei und wie man sich das Leben danach
einrichten solle, so kommt man in einige Verlegenheit,
vor allem was des ersteren Ernährungsweise angeht. Es werden
da eine Fülle kleiner Gerichte aller Art gegeben mit wesentlicher
Vermeidung von Milch, Eiern und Fleisch. Bei H i n d h e d e
kann man kurzweg sagen, die Mischung von Brot und Kartoffeln
bildet die Hauptgrundlage, Zugaben wie Zucker sind gering und
auch Fett soll „nicht dick gestrichen" werden. Nur über den
Zweck des Essens sind sich beide klar: es soll das Eiweiß dabei
möglichst sparsam vertreten sein. Damit wird freilich der Laie
wenig anfangen können. Weder C h i t t e n d e n und noch weniger
H i n d h e d e waren sich der Schwierigkeiten ihrer Empfehlung
bewußt geworden.

Denn die bloße Tendenz mit weniger als 120 g Eiweiß zu
leben, ist kein wissenschaftlich klares Programm. N-Gleichgewichte
unter 120 g Eiweiß können, wie ich oben gesagt habe, zwei
ganz verschiedene Dinge sein. Es kann sich um ein niedriges
N-Gleichgewicht mit ausreichendem Überschuß der dynamischen
Quote handeln oder um ein wirkliches physiologisches Minimum.
Nach dem ganzen Gedankengang, speziell über die Schädlichkeit
überflüssig eingeführten Eiweißes, muß man ihre Anschauung also
dahin interpretieren, daß sie ein N-Minimum in ernährungs-
physiologischer Hinsicht erreichen wollen.

Dieses Prinzip hat aber keine wirkliche Berechtigung. Wir haben keinen einzigen Beweis vergleichend physiologischer Natur, daß etwa Tiere irgendwie eine besondere Ernährungswahl träfen, um instinktiv auf einem Minimum des N-Konsums zu bleiben. Das Futter, das sie erlangen können und dessen N-Gehalt bedingt eben den Eiweißkonsum. Der einzige physiologische Fall eines natürlichen physiologischen Minimums ist von H e u b n e r und mir für den Säugling aufgefunden worden. Hier liegen die Verhältnisse aber anders wie beim Erwachsenen, weil der Wachstumstrieb der Zellen jeden Überschuß an Eiweiß über das Minimum abfängt und zum Wachstum benutzt, und weil in dieser idealen Nahrung ein vortreffliches Eiweißgemisch von höchstem physiologischen Nutzeffekt enthalten ist. Deswegen sterben aber jene Kinder durchaus nicht, die etwas mehr Eiweiß erhalten haben und nicht auf dem Minimum bleiben. Es ist ja gar nicht so lange her, daß H e u b n e r auf den niedrigen Eiweißgehalt der Frauenmilch aufmerksam gemacht hat, während man ihn früher wesentlich überschätzte.

Wenn aber einmal das Wachstum verschwindet, dann liegen die Verhältnisse auch ganz anders; das Kind führt mehr Eiweiß ein, als dem Minimum entspricht, und wächst. Wenn man aber eben nur einem Minimum gemäß Eiweiß zuführt, dann fehlt der Schutz gegen zufälligen N-Verlust.

Man kann auf einer so wandelbaren Grenze, wie das N-Minimum ist, überhaupt k e i n e   f r e i e   V o l k s e r n ä h r u n g durchführen. Man müßte geradezu die täglichen Menus eingehend berechnen und je nach der Art der biologischen Wertigkeit jeden Tag oder bei jeder Mahlzeit die Rechnung besonders ausführen. Das wäre denn doch die stärkste Tyrannei, die jemals auf den Menschen ausgeübt worden ist. Mit der allgemeinen Phrase, wie man sie heute oft hört: man kann auch mit weniger als 118 g Eiweiß leben, was wir, um es nochmals zu betonen, schon längst gewußt haben, ist praktisch nichts zu machen. Hier muß Farbe bekannt und eine Zahl genannt werden. Wenn 118 g falsch ist, so müssen wir wissen, was an deren Stelle zu setzen ist. Das ist aber leider von den Reformatoren nicht gesagt worden. Und weiter: Wenn man an Stelle der gemischten Kost üblicher Art eine andere setzen will, gut, so definiere man sie und zeige, wie sie praktisch allgemein durchführbar ist.

Daß C h i t t e n d e n selbst nicht in der Lage war, eine Kost anzugeben, die bei voller Erhaltung des Körpers den Übergang von einem hohen Eiweißverbrauch auf einen niedrigen Konsum erlaubt, geht auch daraus hervor, daß die Mehrzahl der von ihm ernährten Personen auch nach langer Dauer des Experiments immer noch an Eiweiß und Körpergewicht verloren haben.

Gerade die lange dauernden fortgesetzten Eiweißverluste vom Körper sind der beste Beweis dafür, daß in vielen Fällen die Kost falsch gewählt war, und daß sie nicht ein physiologisches Minimum für den betreffenden Körperzustand der Person bedeutete, sondern einen unzureichenden N-Gehalt hatte, der zu O r g a n v e r l u s t führte.

Das ist ja aber das Charakteristische eines richtig gewählten Minimums, daß es ohne wesentliche N-Verluste in wenigen Tagen auf einer niedrigeren Stufe ein N-Gleichgewicht gibt.

C h i t t e n d e n s Personen sind also größtenteils nicht nur durch Fettverlust leichter geworden, sondern durch Eiweißverlust in Unterernährung geraten.

Der Eiweißbedarf, den man aus diesem Experiment als Mittel schätzungsweise ableiten kann, ist aber nicht 50—60, sondern allenfalls 80—82 g pro Tag und 70 kg und dabei noch ein Minimum!

Die Menschen haben sich zu allen Zeiten instinktiv ihre Nahrung gewählt.

Es gibt keine einheitliche Volksernährung auf der Welt, die Massen müssen sich in ihrer Ernährung auf die Erträgnisse des Bodens stützen, und daneben kommt mehr oder minder das Ergebnis des Fischfangs und der Viehzucht hinzu. Jede Ernährungsform, die den Menschen wohl und gesund erhält, ist eine normale, aber unter den verschiedenen Ernährungsformen gibt es solche, welche tunlichst die verschiedenen Nahrungsquellen benutzen. In den Kulturländern hat sich fast überall die aus Animalien und Vegetabilien gemischte Kost zur herrschenden gemacht, die überall, wo nicht andere unüberwindliche Schwierigkeiten materieller Natur oder religiöse Vorurteile entgegenstehen, andere Ernährungsformen verdrängt. In einer solchen freien Mischung von Speisen aus dem Tier- und Pflanzenreich kann die Physiologie nur etwas Zweckmäßiges erblicken.

Auch in jener Abart der gemachten Kost, die wir heutzutage bei uns die städtische nennen wollen, können wir nichts Schädliches erblicken. Wir verlangen aber aus ökonomischen und anderen Gründen, daß die Vegetabilien in der Oberhand bleiben, und daß der Fleischgebrauch gewisse Grenzen nicht überschreitet.

An Stelle dieser Freiheit der Ernährung wollen nun C h i t - t e n d e n und H i n d h e d e den Zwang ihrer S p e i s e f o r - m e n setzen; nach welchen Regeln bei der Zusammensetzung der Kost zu verfahren wäre, das hat keiner der beiden Autoren genau angegeben.

H i n d h e d e teilt zwar, wie ich oben angegeben habe, die zu verwendenden Nahrungsmittel bei seinem System in drei Gruppen, die wichtigsten sind ihm Kartoffel, Brot, Obst und Butter, dann folgen Milch, Eier, feinere grüne Gemüse und endlich gröbere grüne Gemüse, Erbsen, Bohnen, Zucker und Fleisch; nach welchen Grundsätzen aber diese Ordnung erfolgt, ist nicht einzusehen. Weder Nahrungsmittelpreise noch Eiweißarmut zeigen eine ähnliche Rangordnung. Nach der Hauptmasse beurteilt sind K a r t o f f e l n und B r o t die w e s e n t l i c h e n Bestandteile der Kost, damit stimmt auch annähernd die Familienkost und der von H i n d h e d e angegebene persönliche mittlere Verbrauch von etwa 65 g Eiweiß täglich überein; andere Materialien haben nur eine sehr beschränkte Verwendung.

Solch ein System wäre wieder eine Beschränkung dem Vegetarismus gegenüber, der in der Wahl des Pflanzenmaterials dem einzelnen Ermessen den weitesten Spielraum läßt.

Wie soll man aber entscheiden, welche Bedeutung den einzelnen Nahrungsmitteln hinsichtlich ihrer Verwertbarkeit im Sinne einer eiweißarmen oder eiweißreichen Kost zukommt. Die übliche Aufstellung nach Maßgabe des Eiweißgehalts der frischen Substanzen gibt ein ganz falsches Bild und läßt vor allem nicht erkennen, in welchem Grade in den einzelnen Fällen eine an Eiweiß zu reiche oder zu arme Kost erzielt wird, weil ja dies nicht allein vom Eiweiß- sondern auch vom Fett- und Kohlehydratgehalt abhängig ist.

Es wird also notwendig sein, eine andere Darstellung für die Betrachtung der Nahrungsmittel zu wählen, die auch dem Ferner-stehenden ohne weitere Rechnung ein Urteil erlaubt.

Dies kann in nachfolgender Weise geschehen: Zuerst suchen wir einen einfachen Ausdruck für den Zustand des Eiweißminimums (absolutes Minimum) zu gewinnen. Das läßt sich mit ziemlicher Sicherheit sagen, wenn schon die Anzahl der Fälle, in denen am Menschen das Minimum bestimmt wurde, noch relativ gering an Zahl ist. Wir wissen aber vergleichend physiologisch, wo die Grenze mit ziemlicher Sicherheit liegt. Das N-Minimum beim Menschen bewegt sich nahe dem Wert von rd. 0,04 g N pro 1 kg (Thomas 0,0396), also für 70 kg = 2,80 g N im Harn, dazu (Maximalzahl) rd. 2,3 g N im Kot, die im Durchschnitt einer vegetabilischen Kost entsprechen, und 0,8 g N als Verlust im Schweiß, gibt 5,9 g N = 36,27 g N-Substanz = 148,6 kg/Kal. Berechnet auf einen Kalorienumsatz von 2600 pro Tag, brauchen in der Kost also nicht mehr als 5,72% Eiweißkalorien vorhanden zu sein. Bei der weiteren Betrachtung gehen wir von den Brutto-kalorien der Nahrungsmittel aus, indem wir weitere Korrekturen für die Resorptionsgröße in allen Fällen beiseite lassen, weil die wahrscheinliche Ausnutzung schon in der Normierung von 2,3 g N im Kot enthalten ist.

Nun berechne ich für alle wichtigen Nahrungsmittel ihren Prozentgehalt in Eiweiß-, Fett- und Kohlehydratkalorien und setze beim Eiweiß in Klammern die runden Zahlen für die bio-logische Wertigkeit. Es ist leicht begreiflich, daß, wenn jemand sich beliebig mit dem einen oder anderen Nahrungsmittel erhält, die Prozentverteilung der Nährstoffe stets der in der Tabelle angegebenen entspricht.

Für den Menschen ohne berufliche Arbeit haben wir oben gesagt, er brauche für das Minimum rund 5,72% Eiweißkalorien in den v e r z e h r t e n Nahrungsmitteln. Wir haben also ein sehr einfaches Maß zur Beurteilung, ob ein Nahrungsmittel a l l e i n

f ü r   s i c h erlaubt, ein Minimum zu erreichen, oder ob es darüber
oder darunter liegt. Animalien und Vegetabilien sind nach der
Höhe der Eiweißkalorienprozente geordnet. Die Zahlen sind zumeist Mittelwerte der Zusammenstellungen K ö n i g s. Die Reihen-
folge ist gewiß eine sehr überraschende, man ist so sehr gewöhnt,
die frischen Nahrungsmittel verglichen zu sehen, daß man sich
hier, wo nur der wirkliche Gehalt an Nahrungsstoffen in Betracht
gezogen ist, vor anscheinend neuen, zum mindesten ungewohnten
Ergebnissen steht.

	Eiweiß	Fett	Kohlehydrate inkl. Zellulose
Reis	8,1 (7,1)	1,3	80,6
Kartoffel	8,7 (7,0)	0,9	80,4
Weizen	11,7 (4,6)	2,7	86,0
Mais	14,2 (4,2)	4,2	75,8
Hafergrütze	14,6 (?)	13,9	71,4
S c h w e i n e f l e i s c h	17,1 (17,1)	82,9	—
Rotkohl, Grünkohl, Weinkraut, Artischoken	19,9 (?)	5,1	75,0
M a s t f l e i s c h	21,1 (21,1)	78,9	—
M i l c h	26,2 (26,2)	47,8	25,9
Schnittbohnen, Blumenkohl, Gar- tenerbsen (Salat)	27,9 (23,4)	5,6	66,4
Leguminosen	29,0 (16,0)	4,6	66,6
Spargel, Spinat, Rosenkohl . . .	36,6 (23,4)	0,2	55,2

Obst, die Nüsse ausgenommen, liefert etwa 7,6% Eiweiß (5,9), 92,9 Kohlehydratkalorien. Endivie, Kopfsalat, Gurken gehören ihren Werten nach zu
Schnittbohnen usw. Sellerie ist eiweißarm, wie Reis und Kartoffel.

Wenn man sich die Tabelle näher besieht, zunächst mit dem
Wunsche, ein physiologisches N-Minimum zu erreichen, so ist man
erstaunt, nicht wie leicht das ist, sondern wie schwierig eine solche
Wahl ausfällt. Zwei wichtige Volksnahrungsmittel allerdings liegen
mit 4,6 und 4,2 unter dem Grenzwert eines Minimums (für den Nichtarbeitenden), Weizen und Mais; zu diesen muß also Eiweiß dazu-
gegeben werden. Das Obst mag vielleicht die Grenze bilden.
Kartoffeln und Reis liegen schon über dem Minimum, auch wenn
man die biologische Wertigkeit betrachtet. Im übrigen finden wir
aber kein Nahrungsmittel mehr, was einen Eiweißgehalt hätte, der
einem Minimum entspräche. Auch der strengste Vegetarier kommt,

wenn er beliebig das Nahrungsmittel wählt, also auf ein höheres
Eiweißmaß, als einem Minimum entspricht, d. h. er genießt mehr
Eiweiß, als er streng genommen — nach den gemachten Voraussetzungen eines Minimums — nötig hätte. Lassen wir also neben
Brot auch noch Gemüse, Salate, Leguminosen als Nahrungsmittel
gelten, so steigt unter allen Umständen der Eiweißkonsum, und
zwar offenbar sehr erheblich.

Wer auf dem niedersten Stande des Eiweißkonsums bleiben
will, für den begänne die Einschränkung schon bei den Gemüsen,
er dürfte da nicht nach freier Wahl beliebig viel essen, da dies
schon eine überschüssige Mehrung des Eiweißes in der Kost bedeutet, ebenso scheiden die Leguminosen von der freien Wahl aus.
Mit einigem Erstaunen wird man sehen, daß die Legende von dem
immensen Eiweißüberschuß des Fleisches speziell ganz falsch ist,
wenn man nicht immer absichtlich nur das magerste Fleisch in
Rechnung zieht, sondern das Mastfleisch oder Schweinefleisch,
welch letzteres $^6/_{10}$ und mehr vom Gesamtkonsum unserer Bevölkerung an Fleisch ausmacht. Viele Gemüse stehen im Eiweißgehalt also viel höher als das Fleisch.

Zur Erhaltung eines niederen N-Umsatzes wären sogar die
Animalien noch besser als manche Gemüse, wie Salate, Endivien,
Gurken, Bohnen, Blumenkohl, Gartenerbsen, Leguminosen, Spar-
gel, Spinat und Rosenkohl.

Nach H i n d h e d e ist jeder Überschuß an Eiweiß zu vermeiden, weil er gesundheitsschädlich ist. Die Stufenleiter der
Schädlichkeit würde höchst eigenartig.

Mit welchem Recht sieht man in den 17% Eiweißkalorien
des Schweinefleisches oder eines Hammelfleisches schon einen be-
denklichen Eiweißreichtum und keine Gefahr in den 36,6% Eiweißkalorien des Spargels und Spinats? Oder warum sollte die
Milch mit 26% Eiweißkalorien ein weniger gefährliches Gemisch
sein als das fette Schweinefleisch mit 17,1%. Die Gemüsegruppe
Spargel usw. enthält 33,0% N-Substanz der Trockensubstanz (bei
375 Kal. Verbrennungswert pro 100 Teile). Um sich zu nähren,
müßte man von letzteren täglich 693 g Trockensunstanz mit
228 g N-Substanz zuführen, während ein Mann, der nur (fettes)

Schweinefleisch genießt (= 640 g frische Substanz), nur auf 93 g N-Substanz täglich kommt. Da würden also die Vegetabilien wieder gefährlicher sein als der ausschließliche Fleischgenuß.

Es gibt nun ein Mittel, das Menu zu erweitern: den Zusatz von Zucker oder Fett.

Der Fettkonsum ist im allgemeinen ziemlich schwankend und hängt mit Volksgewohnheiten zusammen. Als Mindestbedarf für den Tag ist von V o i t 56 g angenommen; dieser Wert war bereits eine Verbesserung der Kost gegenüber der Eßweise weiter Kreise. Hierin ist der Ätherextrakt der Nahrungsmittel schon inbegriffen. Der eigentliche Fettzusatz beträgt also weniger als 56 g für den mittleren Arbeiter, dem Nichtarbeitenden würde man sogar noch weniger zumessen können. Eine solche Fettquote ändert wenig an dem Gesagten. Indes, es wird in manchen Teilen Deutschlands weit mehr Fett verzehrt.

Dadurch wird der Eiweißgehalt der Kost herabgesetzt, dann kann man in der Auswahl der Stoffe etwas weiter greifen. Bei einem täglichen Genuß von 100 g Fett (etwa $\frac{1}{3}$ der Gesamt-kalorien der Kost) würde der Eiweißwert der Tabelle auf $\frac{2}{3}$ der angegebenen Größe sinken. Diese Fettgabe ist für die meisten Personen schon eine hohe, macht zwar die Kost variabler, würde aber trotzdem bei freier Wahl der Nahrungsmittel auch noch zu einem Eiweißüberschuß führen müssen. Je nach dem Fettgehalt (oder Zuckergehalt) der Kost müßte also die Kostzusammen-setzung fortwährend geändert werden.

Man sieht, welche gekünstelte Auswahl man treffen müßte, um das Prinzip des physiologischen Minimums strikte durchzu-führen, ohne sich in der Wahl der verwendbaren Nahrungsmittel auf das unangenehmste zu beschränken. Eine Volksernährung auf solche Prinzipien einrichten zu wollen, ist widersinnig und unmöglich.

Als Ausweg bliebe aber nur die Einschränkung auf Brot und Kartoffeln im wesentlichen mit kleiner Zugabe anderer, aber auch wieder mit Sorgfalt auszuwählenden Nahrungsmittel, auch dann wäre man nie ganz sicher, ob nicht gelegentlich doch ein Minimum überschritten wird.

Wenn man, wie H i n d h e d e , genügend Zeit hat, sich selbst zu beobachten, kann man natürlich durch bedachte Mischung der Nahrungsmittel und geeignete Zulagen einen N-Verlust verhüten und einschränken, auch dann ist man aber nicht sicher, die niederste Grenze des N-Konsums zu überschreiten.

H i n d h e d e s Kost würde, so scheint es, mit einem Schlage wohl bei den meisten Nationen alle Nahrungssorgen der großen Massen beseitigen, denn Brot und Kartoffeln im wesentlichen zu beschaffen, dazu reichen wohl die Einkünfte aller jener, welche arbeiten wollen und können. Bisher sprechen aber alle unsere Erfahrungen gegen eine solche Wirkung. Wenn man jene durch die Ernährungsstatistik genugsam bekannten Fälle der Literatur heraussucht, wo es sich um niedrigen Eiweißkonsum handelt, kann man fast ausnahmslos eine fleisch- und animalienarme Kost mit reichlich Kartoffeln als Hauptnahrung finden. In Großstädten braucht man nicht lange nach Leuten zu suchen, bei denen Brot und Kartoffeln die Hauptnahrung finden; das ist die typische Armenkost.

Die Erfahrung lehrt uns weiter, daß diese Volksschichten leider nicht die Kunst besitzen, sich mit den niedrigen Eiweißmengen einer solchen Kost im Gleichgewicht zu halten. Daß sie allenfalls ein N-Minimum bei normalem Bestand erreichen, wird wohl die seltenste Ausnahme sein, die Regel ist die Unterernährung, ein Verlust von Organmasse, Kraftlosigkeit und Leistungsfähigkeit.

Man braucht nur einen Blick auf die Ärmsten der Bevölkerung zu werfen, um zu sehen, wie bei überwiegender Kartoffelkost der Körper herabkommt. Wir haben solche Zustände inmitten des platten Landes auftreten sehen, wo die alte bessere Bauernkost durch Verkauf der Milch nach den Städten sich geändert hat und die Kartoffel natürlich unter Fettzugabe ihren Einzug gefeiert hat. Die Wirkung ist die, daß die Bevölkerung in ihrer körperlichen Tauglichkeit zurückgeht.

Da sich die Leute günstigenfalls auf Kaffee und Tee als Getränk beschränken, wird der relativ billige Zucker als Nahrungs- und zugleich als Genußmittel mit verwendet; billige Fette sind als Kochbeigabe unerläßlich, beide aber werden bei der Eiweißarmut der Kost gerade zu einer Gefahr, weil dadurch die relative Eiweißarmut zunimmt.

Eine Bevölkerung, die nur auf Brot und Kartoffeln im wesentlichen und als Haupternährungsmaterial angewiesen ist, steht meist auf der tiefsten Stufe der Ernährung. Die Kost ist reizloser als die Gefängniskost.

H i n d h e d e sucht durch Variierung der Gerichte einige Abwechslung in das Menu zu bringen, ich glaube aber, daß sehr viele der Meinung sein werden, daß diese Speisen trotz wechselnder Namensgebung kein allzu wechselvolles Einerlei sind. Von der Anwendung einer besonderen Kochkunst müssen wir bei der armen Bevölkerung leider absehen, dazu fehlt es an Zeit und Übung, den Obstzusatz, wie ihn H i n d h e d e wählt, können sie sich nicht leisten, denn Obst ist ein viel zu teurer Artikel, im Sommer sowohl wie im Winter.

Eine reizlose, einförmige Kost bedeutet für die große Masse des Volkes eine eminente Gefahr, denn bei dem berechtigten Wunsche nach Genußmitteln pflegt unweigerlich der Schnaps seine Ernte zu halten.

Gerade diese Erfahrungen haben überhaupt dazu geführt, mit allen Mitteln eine Verbesserung der Kost anzustreben; ich bin der Meinung, daß auch ein berechtigtes Verlangen der armen Bevölkerung nach Verbesserung der Nahrungsverhältnisse anerkannt werden muß.

Mit dem Alkohol kommt ein weiterer Faktor zu Fett und Zucker hinzu, der die Enteiweißung der Kost noch steigert.

Das Ungenügende einer solchen Kost wird von den Konsumenten wohl empfunden, und wenn sie irgendwie noch die Mittel besitzen, suchen sie durch Fleischgenuß in der Form von Wurst oder ähnlichem ihre Mahlzeit zu verbessern.

Die Hindhedeschen Ideen bedeuten also für die große Masse keine Lösung eines sozialen Problems, sie werden nie adoptiert werden, weil die Ernährung unerträglich wäre, und wir wünschen es nicht, weil wir zur Genüge wissen, wohin diese Art der Ernährung körperlich führt; keine Monotonierung der Kost, sondern eine Verbesserung derselben mit natürlichen Mitteln ist unser Ziel.

Eine hygienische Lebenshaltung muß auf Abwechslung sehen, und vom sanitären Standpunkt ist ein Wechsel in den Nahrungsmitteln nur zu wünschen. Wir halten es für zweckmäßig, wenn alles Nährmaterial, was unser Land bringt, auch der Ernährung dient. Die Gemüse wegen ihres hohen Eiweißgehalts etwa hinter anderem Material zurücktreten zu lassen, hätte keinen Sinn, und eine Überschätzung des Obstes wegen der geringen Eiweißmenge würde verkennen, daß das Obst schon wegen der Preislage wenig mehr als ein Genußmittel in der Volksernährung darstellt. Ich bin daher stets für eine möglichste Abwechslung der Kost eingetreten, die alle Nahrungsquellen schätzt und heranzieht, und ich halte das auch heute für die gesündeste Form der Ernährung. Wer Gemüse und Früchte nicht vernachlässigt, wird schon dadurch dem Übermaß des allzu reichlichen Fleischgenusses und dem einseitigen Überwiegen der Animalien entgegenwirken.

So wenig es berechtigt ist, auf einen besonderen Eiweißreichtum der Kost zu drängen, so wenig wäre es berechtigt, in einer förmlichen Eiweißfurcht dahinzuleben.

Nicht alle Ernährungsformen, denen wir im Volke begegnen, sind zu billigen. Vieles ist reformbedürftig, das wird niemand verkennen, der diesen Verhältnissen Interesse entgegenbringt.

Die Mittel und Wege, welche hier zur Verbesserung der Ernährungsverhältnisse eingeschlagen werden können, habe ich vor kurzem in dem Buche „Wandlungen in der Volksernährung" eingehend besprochen.

Wo aber die gemischte Kost als Grundlage der Ernährung dienen soll, da wird an der Eiweißmenge, wie sie oben besprochen worden ist, eine Änderung sich nicht empfehlen. Es geschieht dies mit dem vollen Bewußtsein, wie ich schon a. a. O. 1907 gesagt habe, daß dabei kein wirkliches Eiweißminimum gereicht wird, denn ein solches wollen wir nicht anstreben, sondern aus guten Gründen vermeiden.

www.ingramcontent.com/pod-product-compliance
Lightning Source LLC
Chambersburg PA
CBHW081242190326
41458CB00016B/5886